"十四五"时期国家重点出版物出版专项规划项目
现代土木工程精品系列图书

工程地震动拟合方法研究

张　超　赖志超　王丕光　著

哈尔滨工业大学出版社

内 容 简 介

    本书简要介绍了地震及地震动的基础知识,基于目前工程结构抗震分析的地震动需求,提出了工程地震动的拟合方法和相应的程序实现技术。本书论述内容涉及人工地震动拟合的基本理论,进一步提出时频非平稳地震动、空间非一致地震动等人工地震动拟合方法,并且发展了目前工程界十分需求的近断层地震动及海域地震动拟合方法。本书包含了作者多年来取得的科研成果,可以使读者比较全面地了解工程地震动拟合方法的研究进展。

    本书可作为高等院校土木工程、防震减灾方向的本科生和研究生的学习用书,也可作为科研人员的参考资料。

图书在版编目(CIP)数据

工程地震动拟合方法研究/张超,赖志超,王丕光著.—哈尔滨:哈尔滨工业大学出版社,2022.12
(现代土木工程精品系列图书)
ISBN 978-7-5767-0493-8

Ⅰ.①工… Ⅱ.①张…②赖…③王… Ⅲ.①工程地震-防震设计-拟合法 Ⅳ.①TU352.1

中国版本图书馆 CIP 数据核字(2022)第 245915 号

策划编辑　王桂芝
责任编辑　刘　威　宋晓翠　李长波
出版发行　哈尔滨工业大学出版社
社　　址　哈尔滨市南岗区复华四道街 10 号　邮编 150006
传　　真　0451-86414749
网　　址　http://hitpress.hit.edu.cn
印　　刷　辽宁新华印务有限公司
开　　本　787 mm×1 092 mm　1/16　印张 13.75　字数 335 千字
版　　次　2022 年 12 月第 1 版　2022 年 12 月第 1 次印刷
书　　号　ISBN 978-7-5767-0493-8
定　　价　78.00 元

(如因印装质量问题影响阅读,我社负责调换)

序

结构地震响应时程分析是进行工程结构抗震分析和设计的重要方法,其中合理的地震动输入是进行结构抗震分析的基础和前提。虽然目前已经积累了较丰富的强震记录,但从中选取适合各种场地和结构的工程地震动记录仍十分困难。基于地震动实测记录的工程地震动拟合方法是弥补实测地震波不足的有效途径。目前,基于谐波法的工程地震动拟合方法已经被广泛应用于结构抗震分析中。但是,由于不同类型地震动特性相差较大,工程地震动拟合方法除了需要考虑不同场地类型、震源机制的影响,还需要考虑诸如空间多点地震动的相干效应、近断层地震动的强速度脉冲特性及海域地震动的海水层低频抑制作用等多种因素的影响。因此,需要针对不同类型工程地震动,系统全面地开展地震波特性分析,并提出与之匹配的人工拟合方法,才能更精准地服务于不同场地的结构抗震分析。

本书首先阐述了地震及地震动的相关基础知识,并简要地介绍了工程地震波的基本拟合思路及基于 MATLAB 软件的实现程序。然后,系统地介绍了作者针对不同类型工程地震动的相关研究成果,包括时频非平稳地震动、空间多点地震动、近断层地震动及海域地震动,内容涵盖了不同类型工程地震动的特性分析、合成思路、拟合方法、实现程序及应用算例等多个层面。

本书第一作者张超于 2018 年进入北京工业大学土木工程博士后流动站从事博士后研究工作。博士后在站期间,本人作为其合作导师建议其在多维多点地震波拟合研究的基础上,继续致力于目前工程抗震急需的近断层地震动、海域地震动等方向开展更深入的研究。在中国博士后基金、北京市博士后基金等项目资助下,作者张超在近断层地震动及海域地震动的工程特性及拟合理论方面均取得了丰硕成果。对其多年钻研所取得的成绩表示祝贺,希望他能在未来的工作中再接再厉,取得更多创新研究成果。

杜修力

北京工业大学教授

中国工程院院士

前　　言

我国处于环太平洋地震带,近年来地震频发,因此,保障基础设施工程(如房屋、桥梁、隧道、大坝等)的抗震安全性是工程设计中尤为重要的一个组成部分。其中,合理的地震动输入是进行结构抗震设计的前提条件。然而,由于实际工程场地的地震动受到震源机制、场地条件、传播特性等各种复杂因素的制约,现有的实测地震动记录无法满足目前持续增长的工程抗震设计需求。因此,发展合适的地震动人工拟合方法是满足我国大量工程项目的抗震设计需求的有效解决办法。如上所述,适用工程使用的地震动人工拟合方法不仅需要考虑震源机制、场地条件、传播特性等影响作用,还需要兼容拟合效率及方便性。

目前,随着川藏铁路的建设及"一带一路"建设的推进,重要的工程建设不可避免地要穿过或接近地震断层,近断层地震动所包含的强速度脉冲、上盘效应等特性会对工程结构的抗震响应有着更显著的影响,因此,针对近断层地震动的拟合方法也是目前我国抗震设计中的迫切需求。此外,基于我国海洋强国战略,诸多跨海通道、海洋结构及海上风电等大型工程项目正在规划建设中,其所涉及的海域环境下地震动特性与传统陆域地震动特性有极大的不同。因此,本书还总结和发展了海域地震动的拟合方法,以期为我国海洋工程的抗震设计提供合适的地震动输入。

本书的研究工作先后得到国家自然科学基金(52178464,51508102)、高等学校博士学科点专项科研基金(20133514120006)、福建省自然科学基金(2019J01233)、中国博士后基金(2018M631292)、福州大学育苗基金(2012－XY－24)等的资助,特此致谢!

作者的研究工作一直得到有关工程界和学术界同行们的帮助和支持。中国工程院杜修力院士、澳大利亚工程院郝洪院士、北京工业大学毕凯明教授、大连理工大学李超副教授、西南交通大学贾宏宇副教授等为本书的撰写工作提供了指导和建议。作者的研究生江先淮、卢建斌、武程等协助作者完成了程序编制和算例分析,研究生张正鹏、陈晓、陈珏雅、张昌斌等人协助进行了本书部分内容整理工作,在此一并致谢。最后,感谢福州大学房贞政教授、祁皑教授、卓卫东教授,他们是作者从事结构抗震研究的领路人。

由于作者水平有限,在理论和技术方面还有很多不足,还未能将更多的国内外最新成果涵盖进本书,衷心希望广大读者批评指正!作者将努力在后续的工作中对本书做进一步完善。

作　者
2022 年 7 月

目　　录

第1章　地震及地震动的基础知识

1.1　地震灾害及地震成因

1.1.1　地震灾害

地震是人类所面临的最严重的自然灾害之一,有史以来所造成的生命财产损失不可计数,不胜枚举,下面列举一些近年比较具有代表性的地震灾害事件,这些地震无一例外给人们的生活带来了巨大的影响。

1.汶川地震

发生在 2008 年 5 月 12 日的汶川 8.0 级特大地震,是我国新中国成立以来震级最大、波及范围最广、破坏最重的断层地震之一。该地震震中位于 31.01° N,103.40° E,震源深度 14 km,震中烈度为Ⅸ度。据调查发现,在地震产生的断层周围数千米至十几千米的范围内(一般称为近断层的地区)发生了大面积的建筑物破坏和倒塌事件。截至 2009 年 4 月 25 日 10 时统计,此次地震共遇难 69 225 人,受伤 374 640 人,失踪 17 939 人,直接经济损失达 8 451 亿元(图 1.1(a))。

2.日本 3·11 大地震

2011 年 3 月 11 日,日本发生里氏 9.0 级地震,震中位于宫城县以东太平洋海域,震源深度 20 km。该地震是全球 1900 年以来的第四强震,此次地震所释放的能量是当时汶川地震的 30 倍左右,并在地震后引发了 10 m 高左右的海啸、核电站泄漏、火山喷发等次生灾害。2022 年 3 月 9 日,日本警察厅公布了截至 3 月 1 日统计的 3·11 大地震受灾情况:死亡人数为 15 900 人,涉及 12 个都道县;失踪人数为 2 523 人,涉及 6 个县(图 1.1(b))。

(a)汶川大地震中楼房倒塌　　　　　　　　　　　(b)日本3·11大地震引发核泄漏

图1.1　地震灾害

地震灾害给人类社会带来了巨大的经济损失和社会效应影响,如何做到防震减灾是我们面临的关键问题。对于个人,应提升防灾抗灾意识;对于政府,应不断完善发展应急机制和防灾工程,为此,应做到以下有利于减轻地震灾害损失的措施:

(1)建立地震预警机制。

有针对性和有预见性地采取措施,降低破坏程度,从而实现防患于未然的目的。如地震波传播需要一定时间,在地震发生的第一时间通知邻近地区,可有效降低各类损失。当地震次生灾害到来之前,若有完善的预警措施将大大降低人员伤亡。

(2)建设韧性城市。

由于建筑物倒塌是导致人员伤亡和经济损失的主要原因,因此传统地震工程主要关注增强建筑物的抗震能力。而现在,建设韧性城市已成为国内外防震减灾工作的共识。建设韧性城市首先需充分开展学科交叉,利用社会学、经济学和工程学的专业知识进行规划;其次完善信息公开共享机制;最后建立综合考虑功能需求和动态成本管理的基于韧性的抗震设计方法,研发能保障震后功能、减少地震损失的新型建筑工程体系。

(3)建立完善的风险排查机制。

开展地震工程灾害风险排查工作可综合评估灾害风险隐患和防御能力,主要包括如下内容:基于工程建设标准和设计资料进行核查;进行工程结构检测和危险山体排查等工作;建立完善的应急处置预案及相关法律法规,完善应急监测手段,建立应急信息网等。

1.1.2　地震成因

了解地震的成因是达到防震减灾的第一步。人类研究地震的历史悠久,但随着对地震认识的不断加深,地震成因的问题还是处于百家争鸣的状态,R.Mallet(1810—1881)被誉为现代地震学的创始人,他在考察了1857年的尼泊尔大地震后,提出了地震是由地下爆炸形成的;Reid等考察1906年旧金山大地震之后,认为地震是由地下岩石剪切错断引起的,他们根据地表位移提出了弹性回跳假说,这被认为是现代地震学成熟的标志(图1.2);1927年,日本的和达清夫证实深源地震的存在,提出了断层型浅源地震产生视圆形节线,使地震是断层运动的概念逐步完善,同期,根据岩浆活动产生地震的学说,提出了地震形成的圆锥形力系模型;1964年,Burridge和Knopoff明确了双力偶模型定义——在各向同性的弹性介质中剪

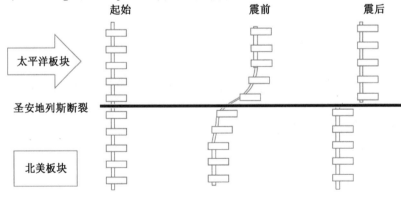

图1.2　弹性回跳假说

切断层等价于在一个错动面上的双力偶分布,促进了地震学的定量化发展,使其逐步成为普遍认同的地震成因模型。目前,对中、深源地震的成因机理众说纷纭。Green 和 Houston 归纳的中、深源地震成因模式有塑性不稳定、剪切诱发熔融、重结晶伴生的不稳定、多形相变、中源地震的流体诱发断层运动模型和深源地震的相变触发断裂机制等。针对大陆内部地震,中国学者提出了多种地震成因模型,比如:根据地震空区建立的板内强震孕育发生的"坚固体孕震模式";由 7 个单元构成的综合地震成因模型;外力诱导致震模型;地球简谐振子组合旋转振荡地震成因模型等。

综上所述,地震成因是复杂且多形态的。现阶段根据地震成因机制,一般分为天然地震和人工地震两大类。人工地震是由人类活动引起的,比如人工爆破、开山、地下核爆造成的振动等。而天然地震按成因主要分为构造地震、火山地震、陷落地震、诱发地震几种类型:

(1)构造地震是由于岩层断裂,发生变位错动,在地质构造上发生巨大变化而产生的地震,也称为断裂地震。

(2)火山地震是由火山爆发时所引起的能量冲击而产生的地壳振动。该地震发生次数也较少,只占地震次数的 7% 左右。

(3)陷落地震是由于地层陷落引起的地震。这种地震发生的次数更少,只占地震总次数的 3% 左右。

(4)诱发地震是在特定的地区因某种地壳外界因素诱发(如陨石坠落、水库蓄水、深井注水)而引起的地震。

1.1.3　地震分级

1.地震震级

为了更好地理解地震的大小、强度,通常把地震进行分级。地震震级是衡量地震大小、表征地震强弱的一种量度,单位是"里氏",通常用 M 表示。但地震波的能量并不是在所有频率上均匀分布的,且因地震和地区的不同会有很大的变化,所以人们又提出不同概念的地震震级(表 1.1)。

表 1.1　各种震级表达式

名称	描述	备注
面波震级 M_s	$M_s = \lg(A/T) + 1.66\lg D + 3.3$	[注 1]
体波震级 M_b	$M_b = \lg(A/T) + Q(D,h)$	[注 2]
矩震级 M_w	$M_w = \dfrac{2}{3}\lg M_0 - 10.7$	[注 3]
能量震级 M_E	$M_E = \dfrac{2}{3}\lg E_s - 2.9$	[注 4]

注 1:式中,T 为 $18 \sim 22$ s 记录范围内的面波卓越周期;A 为面波竖向最大振幅(单位:μm);D 为震中与观测台站两点所对应的球心角,其取值范围为 $20° \sim 160°$。该定义一般适用于震源深度小于 50 km 的浅源强震。

注 2:式中,T 为 $0.1 \sim 3.0$ s 记录范围内的体波卓越周期;A 为体波最大振幅(单位:μm);$Q(D,h)$ 为震中距 $D(D \geqslant 5$ km$)$ 和震源深度 h 的函数。

注 3:式中,$M_0 = uSd$ 为以 dyne·cm(达因·厘米)为单位的地震矩;u 为破裂断层的剪切强度(单位:

dyne/cm^2);S 为破裂面积(单位:cm^2);d 为断层的平均位移(单位:cm);1 dyne(达因) $= 10^{-5}$ N。

注 4:E_s(erg,即 10^{-7} J)为以 N·m 为单位的地震波能量,$E_s = M_0/20\ 000$。

2.地震烈度

震级是表示地震释放能量大小的物理量,不能表示地震造成的破坏程度,如相同震级的地震发生在人口稠密地区和发生在沙漠地带造成的影响显然是不同的。人们用烈度这一概念来表示地震在某一地区造成的破坏程度,其既与震级、震中距等地震参数有关,也与当地的人口状况、建筑质量和局部场地条件等非地震因素有关。

历史上曾提出过多个地震烈度等级,但目前世界上最为熟知的是修正的 Mercalli 烈度标准(MM 烈度表),该标准是 Mercalli 于 1902 年首先提出,后由美国地震学家 Wood 和 Neumann 于 1931 年进行修正后得到的。由于各国或地区的建筑结构各有其传统和特色,世界上存在并使用着不同的烈度表,但一般均将烈度分为 12 个等级,表 1.2 为我国现行的地震烈度表。可以看出,烈度大小主要通过破坏现场和亲历者的感觉来评定,这就使得烈度的评定具有一定的主观性。

表 1.2　地震烈度表

烈度	人在地面上的感觉	房屋震害程度		其他现象	物理参数	
		震害现象	平均震害指数		峰值加速度 /(m·s^{-2})	峰值速度 /(m·s^{-1})
Ⅰ	无感	—	—	—	—	—
Ⅱ	室内个别静止中人有感觉	—	—	—	—	—
Ⅲ	室内少数静止中人有感觉	门、窗轻微作响	—	悬挂物微动	—	—
Ⅳ	室内多数人、室外少数人有感,少数人梦中惊醒	门、窗作响	—	悬挂物明显摆动,器皿作响	—	—
Ⅴ	室内普遍、室外多数人有感觉,多数人梦中惊醒	门窗、屋顶、屋架颤动作响,灰土掉落,抹灰出现轻微裂痕,有檐瓦掉落,个别屋顶烟囱掉落	—	不稳定器物撼动或翻倒	0.31 (0.22～ 0.44)	0.03 (0.02～ 0.04)
Ⅵ	站立不稳,少数人惊逃室外	墙体出现裂缝,檐瓦掉落,少数屋顶烟囱裂缝、掉落	0～0.1	河岸和松软土出现裂缝,饱和砂层出现喷砂冒水;有的独立砖烟囱轻度裂缝	0.63 (0.45～ 0.89)	0.06 (0.05～ 0.09)

续表1.2

烈度	人在地面上的感觉	房屋震害程度		其他现象	物理参数	
		震害现象	平均震害指数		峰值加速度 /(m·s⁻²)	峰值速度 /(m·s⁻¹)
Ⅶ	大多数人惊逃户外,骑自行车的人有感觉,行驶汽车中的驾驶员有感觉	轻度破坏,局部破坏、开裂,小修或不需要修理可继续使用	0.11~0.30	河岸出现塌方,饱和砂层常见喷砂冒水,松散土地上地裂缝较多;大多数独立砖烟囱中等破坏	1.25 (0.09~1.77)	0.13 (0.10~0.18)
Ⅷ	多数人摇晃颠簸,行走困难	中等破坏,结构破坏,需要修复才能使用	0.31~0.50	干硬土上亦有裂缝;大多数独立砖烟囱严重破坏;树梢折断;房屋破坏导致人畜伤亡	2.50 (1.78~3.53)	0.25 (0.19~0.35)
Ⅸ	行走的人摔倒	结构严重破坏,局部倒塌,修复困难	0.51~0.70	干硬土上许多地方出现裂缝,基岩可能出现裂缝、错动、滑坡塌方;独立砖烟囱出现倒塌	5.00 (3.54~7.07)	0.50 (0.36~0.71)
Ⅹ	骑自行车的人会摔倒,处于不稳定状态的人会摔离原地,有抛起感	大多数倒塌	0.71~0.90	山崩和地震断层出现;基岩上拱桥破坏;大多数独立砖烟囱从根部破坏或倒毁	10.0 (7.08~14.14)	1.00 (0.72~1.41)
Ⅺ	—	普遍倒塌	0.91~1.00	地震断裂延续很长;大量山崩滑坡	—	—

1.2　地震动观测及台网布设

1.2.1　地震波及传播特性

在板块运动中,岩石体断裂释放的能量以波(称为地震波)的形式向外传播,在传播过程中,地震波首先以体波形式存在,可分成压缩波和剪切波两种。压缩波又称初始波,简称 P 波;剪切波又称次声波,简称 S 波。压缩波为纵波,其振动方向与传播方向一致,既可以在固体也可以在液体介质中传播,且速度最快,一般为 1.5 ~ 8 km/s,传播速度随着介质的不同而不同;剪切波为横波,其振动方向与传播方向垂直,只能在固体介质中传播(图1.3)。虽然压缩波、剪切波在不同介质中的传播速度不同,但两种波的波速之比并不随着介质的改变而有大的变化,这一特性使得地震学家能够根据压缩波和剪切波到达同一地震台站的时间差来迅速而合理地估计出地震震源与地震台站间的距离(震源距)。

当体波到达地球自由表面或位于层状地质构造分界面时,在一定条件下会产生面波,它沿地球表面或分解面传播,扰动的幅度随着离开界面距离的增加而迅速衰减,或者说,扰动只局限于界面附近。面波中洛夫波(Love 波)和瑞利波(Rayleigh 波)是其中的主要成分,其传播速度与剪切波相当或略小,如图 1.4 所示。面波中传播速度最快的 Love 波是为了纪念英国数学家 Love 在 1911 年给出这种波的数学模型而命名的,其振动方向是左右摇摆,且与传播方向垂直,振幅较大,在建筑物地基下造成水平剪切作用,是地震波中最具破坏性的一种;Rayleigh 波是为了纪念 Rayleigh 在 1885 年从数学上预测了这种波的存在而命名的,Rayleigh 波类似于水波,介质质点既有垂直向振动,又有水平向振动,其竖向振幅大于水平振幅,比值约为 3:2,其运动轨迹为一个逆进的椭圆。

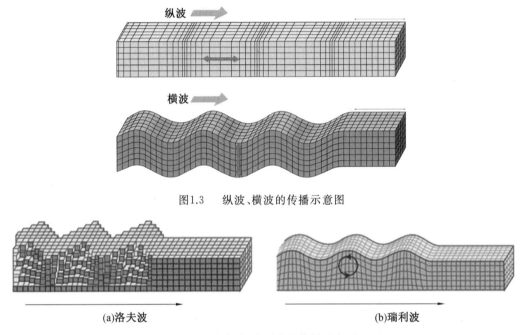

图1.3　纵波、横波的传播示意图

(a)洛夫波　　　　　　　　　　　(b)瑞利波

图1.4　洛夫波、瑞利波的传播示意图

由于不同类型地震波的传播速度不同,它们到达某点的时间也就不尽相同,从而形成一组序列。从震源首先到达某地的地震波是 P 波,它们一般会以较陡的倾角出射地面,因此造成铅垂方向的地面运动,由于建筑物对垂直颠簸的抵抗能力较大,因此它们一般不是最具破坏性的波。破坏性相对较强的 S 波到达稍晚,但比 P 波持续时间长。地震时,压缩波使建筑物上下颠簸,剪切波使建筑物侧向晃动。S 波到达的同时或稍后(与介质特性有关),Love 波开始到达,地面开始垂直于波动传播方向横向晃动。下一个到达的是沿地球表面传播的Rayleigh 波,它使地面在纵向和垂直方向都产生摇动。这些波可能持续多个循环,在大地震时会引起地面的"摇滚"运动。由于面波的频率较压缩波、剪切波低,其衰减速率也较慢,在震源距较大时,人体感知及后期记录的主要是面波。面波波列之后的地震尾波也是地震波的重要部分,其包含着沿散射路径穿过复杂岩石构造的压缩波、剪切波、Love 波和 Rayleigh

波到达而形成的混合波。尾波可能造成已被早期到达的较强地震波损伤、破坏的建筑物的倒塌。

1.2.2　地震观测仪器

对于自然现象的性质及成因的认识,很大程度上取决于人们的观测和测量。地震观测是推动地震学诞生和发展的基础,其对地震学乃至整个地球科学的发展都有着至关重要的作用。地震仪是一种可以接收地面振动,并将其以某种方式记录下来的装置。仅记录地震波到达时间的仪器被称为验震仪。地震仪对于精确确定远处地震的位置、测量地震的大小和地震断层破裂的机制是必不可少的。下面进一步了解一些仪器的发展及具体情况。

目前的现代地震仪都建造在以一套弹簧－摆为拾震器的基础上,即俗称的摆式地震仪(图 1.5)。但需要根据不同的研究目的,设计用于记录不同幅度的地面振动,或用于记录不同频段地震波的长周期、短周期、中长周期及宽频带等具有不同频率响应特性的地震仪。

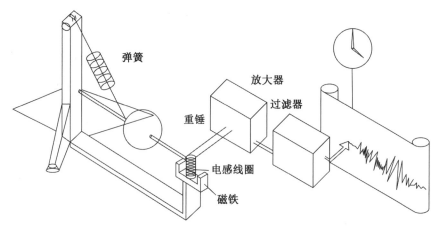

弹簧
放大器
过滤器
重锤
电感线圈
磁铁

图1.5　摆式地震仪

现代地震仪的发展经历了三个革命时代。

第一个时代以 1893 年英国米尔恩地震仪和 1901 年德国维歇尔地震仪为代表,这个时代的测震仪都是机械式。维歇尔仪器是首台倒立摆,重锤的恢复力由下端点的两块钢弹簧片提供,放大倍率为 200 ~ 2 000,采用空气阻尼器。1930 年前后,曾为我国造了一台超大型件,摆锤重达 17 t,至今还在南京地震台工作。

第二个时代以 1906 年俄国伽里津电磁地震仪问世为代表,其垂直向运动的检测靠悬挂弹簧实现,实现了三分量的完整观测系统。电磁换能的引进使测震技术登上新台阶,成为半个多世纪的地震仪主流技术。检测到的机械运动被转换成电学量之后,就可以方便地经过电流计电子放大或者用光学放大,使地震仪的灵敏度大大提高。但是电磁换能必须有大幅、或快速的机械运动,故而对地震波的长周期检测一直受到限制。

第三个时代以 2002 年德国 Stuttgart 大学 Wielandt 设计的 STS－2 地震仪为代表,该地震仪的频带加宽到 0.1 ~ 300 s、动态范围达 140 dB。在该地震仪中,反馈力在始终平衡着质量块的惯性力,从而维持了质量块的位置不变(或极微弱),于是反馈电流的大小就与地面(即仪器框架)振动的加速度成比例了,这就是“力平衡”地震仪的核心思想(图 1.6)。地震仪在仪器的整体响应和输出当中,主要取决于反馈网络的参数,而不是机械系统和换能器的因素。数字化的反馈系统能够极大地扩展频宽,方便地控制阻尼和机电常数,便于后期的数据传输和分析处理。

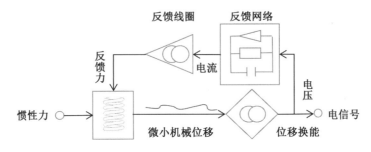

图1.6 力平衡反馈地震仪原理

现阶段我国主要应用发展的是数字观测技术,数字测震仪观测的原始信息是地震波,经地震仪将地震波转换成电信号,这个电信号仍然是一个连续变化的模拟量。对这个连续变化的模拟电信号进行处理,再经过采样、量化、模数转换以后就变成了数字信号,其使得现代数值化测震设备实际上变为一种计算机地震数据采集设备,具有以下特点:

（1）以数字量表示所观测到的地震波形数据,即地震波形的幅度数据。这个数据对应测震台地震仪拾取的地面运动的幅值。

（2）数字测震仪动态范围很大,频率范围很宽。其动态范围可以跨越几个数量级,而频率范围可以从数百赫兹到数赫兹。换而言之,数字测振仪可以根据需要来选取动态范围和频率范围。

（3）精确度和分辨率都很高。精确度是指测量示值与实际输入值之间的差别,差别越小则精确度越高。分辨率又称量化误差,是指可指示出的最小被测量值。数字测震仪的精确度和分辨率是密切相关的,一般讲,精确度越高的仪器其分辨率也越高。

（4）数字测振仪是智能化的,它可以通过预先的设置对一些进程和事件做出判断以决定如何处理等。

（5）数字测震仪测量的是一个不断变化的地面运动波形,每日要产生和处理大量的数据,因此它必须与速度较高的处理机和容量很大的存储器相配接才有可能实现。目前的处理机主要是计算机,存储器是磁带、磁盘或光盘,只有这样才能使测量实现智能化,实现实时或准实时的连续记录地震,才能将数字测震仪的优越性发挥出来。

1.2.3 地震观测台站

本节主要阐述地震观测台站及台网如何划分。

1.地震观测台站的划分

地震观测台站是指具有至少一处地震观测场及观测设施,并实施管理职能的基本地震观测机构。国家对地震监测台站实行统一规划,建立多学科地震监测系统,按照国家级地震监测台站、省级地震监测台站和市县级地震监测台站分级管理。将台站分级与其所配置的学科观测站数量、测项相联系,明确学科要求,实行分类指导。

学科观测站是地震台站观测技术的基本组成单元,地震监测台站依托其学科观测站的监测运行,获取观测资料、进行设备维护与更新、开展地震监测预报工作。学科观测站包括测震学科观测站、形变学科观测站、电磁学科观测站、地下流体学科观测站(具体分类见表1.3)。各学科观测站的设置和运行状况可以反映出地震监测台站技术归口特征方面的综合技术能力。

表 1.3　地震观测台站的分类

测震学科观测站	形变学科观测站	电磁学科观测站	地下流体学科观测站
测震短周期观测站	重力观测站	地磁观测站	水位观测站
测震宽频带观测站	地倾斜观测站	地电阻率观测站	水温观测站
测震甚宽频带观测站	地应变观测站	地电场观测站	氡观测站
测震强震动观测站	GNSS 观测站		汞观测站

2.典型的强震动观测台网

地震监测台网指由若干地震监测台站组成的地震监测网络/体系。全国地震监测台网是全国各级地震监测台网的总称,由国家地震监测台网、省级地震监测台网和市、县地震监测台网组成。此外,还建设有专用地震监测台网,即由大型水库、核电站、油田、矿山、石油化工、交通等重大工程建设单位建设和管理的地震监测台网。

由于台网的划分较多,所以在此主要强调一些比较典型的强震动观测台网。

(1)中国强震动观测台网。

辽宁部分地区位于华北地震带上,华北地震区也是我国重要的地震区,对北京、天津、辽宁、河北、河南、山西、陕西、山东、江苏、安徽等 10 个省和直辖市都有影响,在此介绍辽宁省强震动观测台网。

辽宁省强震动观测台网由 1 个强震动台网中心、37 个国家级强震台站和 57 个省级强震台站组成。其中 81 个为地震专线 SDH 实时传输数据,13 个为电话拨号方式传输数据。"十五"期间,辽宁省地震局建成了由 1 个台网中心、37 个台站构成的辽宁数字强震动台网。建成的台网中心可以通过电话拨号方式取得强震台站的地震观测数据,填补了辽宁省强震动观测工作的空白。"十一五"期间进一步加强了台站密度,使台站总数由原来的 37 个增加到 67 个,特别是增补了辽宁西部和周边地区的强震台站。通过"十一五"项目建设,台网监控能力得到较大的提升,台网功能也得到进一步增强。"十二五"期间,为适应当时国内外强震动观测发展趋势并根据辽宁省地震和社会发展的实际情况,对辽东半岛地震重点监视防御区的台站进一步加密,台站分布更加均匀合理。该区域平均台站距离为 28 km 左右,区域内台站全部实现专线实时传输。同时对台网中心进行升级改造,购置服务器、工作站、烈度速报软件、数据管理软件,实现区域内破坏性地震的烈度速报。至 2013 年,建成了由 1 个台网中心台网部、55 个烈度速报强震台站组成的烈度速报台网。台网部采用基于数据库和分布式网络环境的 Smart 系统,进行数据接收、存储、交换和实时处理、交互分析、烈度速报、归档等一系列处理工作,实现在辽东半岛地震重点监视防御区内破坏性地震发生后的 60 min内的地震烈度速报。

（2）日本强震动观测台网。

K−NET(Kyoshin Network)是一个日本范围内的强震观测网络，其观测台站超过 1 000 个，以每 20 km 的间隔均匀分布覆盖日本，因此，每次地震的记录数据都非常丰富。同时，在每个台站，强震仪均安装在地面上经过标准化的观测设施上，目前使用 K−NET02、K−NET06、K−NET11/11A 设备，数据格式统一。K−NET 从 1996 年 6 月起由防灾科学技术研究所(NIED)运行。KiK−NET(Kiban Kyoshin Network)同样是一个日本范围内的强震观测网络，与 K−NET 相比，KiK−NET 的仪器除了包括地表的监测仪器，还包括若干位于井下的高灵敏强震仪(构成 Hi−NET)，其台站总数约为 700 个。由 K−NET 和 KiK−NET 获得的记录将会同步传输到位于日本筑波的 NIED 数据管理中心。公众可以从网络上获取最新的强震数据、K−NET 的场地条件数据以及 KiK−NET 通过钻孔得到的地球物理数据。K−NET 和 KiK−NET 的数据为实时数据，时效性很高，数据量在不断地扩充中。另外 K−NET 和 KiK−NET 的数据也得到了大量的研究，取得了诸多成果。由于 K−NET 和 KiK−NET 提供井上井下台站的记录和完整的场地信息，因此关于地震传播和场地放大效应等领域的研究较多。例如：Isamu 等通过研究 K−NET 的数据，得到了使用等效剪切波速估算场地放大系数的方法；Boore 等使用 K−NET 提供的 20 m 深度的场地土条件推算出 K−NET 台站的地表以下 30 m 深度内的平均剪切波速 V_{s30}；Pousse 等使用 K−NET 数据，对欧洲规范 8(EC8)的设计反应谱进行了评价。

3.具有特殊功能的地震台网

不同级别地震台站的铺设具有相应的标准，且台站需要根据地理位置、是否符合开展观测和基础研究的科学要求等来铺设多个或至少一个学科观测站。以下是几个地震观测台网铺设和发展的情况。

（1）空间差动观测台阵。

空间差动观测台阵是在一个小范围的均匀场地内按照一定规则布设的高密度台阵，用来提供地震波随空间变化的信息。在这个小范围内，各处的场地条件应该基本一致，可以排除场地条件对地震波的影响。台网的所有台站按照一定间距，呈规则图形布设。中国台湾 SMART−1 地震波观测台阵就是具有代表性的差动台阵。该台阵建立于 1980 年，位于台湾省兰阳平原上的宜兰县罗东镇。为充分理解地震能量产生和传播的物理过程，获得地震近断层区域均匀密度台站的地震数据十分重要。这些台阵依据震源类型需要布设成不同的形状。SAMART−1 台阵的每个圆圈由 12 个等间距台站组成，内圈(I)、中圈(M)和外圈(O)台站编号分别从 1 号到 12 号。圆阵列的全方面特征正好适合在兰阳平原附近强地震发生时震源整体方位角的分布。1983 年和 1987 年的 6 月在台阵的南面与北面又分别增加了 4 个台站，分别为 E01、E02、E03 和 E04。SMART−1 台阵特别设计了实验室回放系统，由数字磁带重现器和带有打印标记的三通道 AC−Powered 图形化记录器组成，用于数字化记录地震波，以地震工程中传统的模拟形式展示一个垂直向和两个水平向振动。台站获得的记录传输到台北的地震研究中心，在回放系统中转化成计算机存储的数字文件，然后传送到太平洋地震工程研究中心，作为国际数据进行存储和研究。地震学家和工程师可按照要求通过台北的地震研究中心或太平洋地震工程研究中心获得这些数据。SMART−1 在 1999 年台湾集集地震的主震和余震中获得了大量高质量的地震波记录，其为世界上高震区地震波台阵的布设提供了很好的借鉴。

（2）断层地震观测台阵。

近年来,江苏省地震频繁发生,这些地震的主要原因是,印度板块对欧亚板块的深层挤压导致江苏附近断裂带结构略有增加,地应力随地质运动而变化。随着大陆板块之间的碰撞和压缩,地壳运动非常活跃。为此,江苏省共建有 4 个断层形变台站水准观测场地,9 条测线,分布于郯庐断裂带、茅山断裂带等地震重点防御区和特定区。为了监测郯庐断裂带的地震活动,在宿迁附近增设灌云台、新沂台和泗洪台;为监测黄海地震活动,在南通增设海安台,在盐城增设射阳台。为了加强郯庐断裂带的地震监测,1977 年在郯庐断裂带上布设了 4 条研究地壳水平形变的跨断层流动水准测量;为了加强茅山断裂带的地震监测,1978 年在苏南茅山断裂带上布设 4 条跨断层流动水准测量;1978 年开始在郯庐断裂带和茅山断裂带布设重力测量测线,并逐渐建成苏北重力监测网和苏南重力监测网。在此基础上,1987 年建成了江苏流动重力观测网络。

（3）海域地震观测台网。

考虑到海底软弱土和海水等因素的影响,海、陆地地震波在传播过程和特性方面可能存在较大差别,为此,美国、日本、中国先后建立了海域地震观测台网。

美国于 20 世纪 60 年代开始进行海洋地震观测,研制出模拟记录的海底地震仪。20 世纪 80 年代,美国海军研究局资助研发了三分向宽频带数字海底地震仪。1977 年,美国设立了海底地震观测系统 SEMS 并先后开发了四代系统。第一代 SEMS I 包括 4 台海底强震动仪,布设在 Santa Barbara Channel 地区,于 1981 年 9 月 4 日观测到一次 5.5 级地震,并获取一条强震动记录;SEMS II 与 SEMS III 均布设在长滩海域,SEMS II 于 1986 年 7 月 8 日和 13 日记录到了 6.1 级和 5.8 级地震,SEMS II 于 1990 年 2 月 28 日记录到一次 5.6 级地震;SEMS IV 于 1995 年 7 月部署在加利福尼亚州近海域,由 3 台海底强震动仪组成,仪器布设位置水深分别为 217 m、99 m 和 76 m。

日本东京都市圈南部的相模湾位处菲律宾板块与大陆板块俯冲带,为了监测该区域的地震活动性,1996 年日本在相模湾海底俯冲带安装了地震海啸监测系统(简称 ETMC),其中 6 台强震动加速度仪、6 台地震速度仪以 20 km 为间隔进行布设,并架设 3 台海啸压力传感器对相模湾附近海啸传播特征进行监测和研究,观测数据为研究菲律宾板块在相模湾海底俯冲带的弯曲和下降提供了有用的信息。6 台海底强震动仪的所在位置处水深最浅约为 900 m,最深处约为 2 340 m。为了监测日本南海海槽的高危地震海啸活动,日本海洋研究开发机构(JAMSTEC)自 2006 年开始在日本东南海区域建设了高密度地震—海啸实时观测台网(DONET),共包括 51 个观测点,台站平均间距为 15 ~ 20 km。该台网主要包括观测仪器、科学结点和基干线缆系统三部分,安装有宽频带地震仪、水压力计、微差压计、温度计等观测仪器,能有效捕捉地震、波浪以及板块变形等信号。DONET 显著扩展了日本列岛地震台网的覆盖范围,有效提高了区域地震的观测和定位能力。

我国于 2007 年在渤海建设 1 个海底井下测震台,钻孔深度约为 130 m,安装了英国 Guralp 公司生产的 CMG 三分向宽频带海底地震仪。由于故障并缺乏后续经费,试验未能获得理想观测数据。同期,上海市地震局在长江口崇明岛东部南北两侧及东海平湖八角亭钻井平台上,分别架设 3 个海域地震监测台。东海平湖八角亭地震观测台是我国首个海洋石油平台上的地震台站,于 2009 年 2 月建成,目前观测数据已实时传输到中国地震台网中心。与上海其他海洋研究单位合作建设,位于长江口崇明岛东部北侧的地震台站,配备由北京市地震局生产的 JDF－1 型短周期六分向井下地震仪,水深约为 30 m,钻孔深度约为 170 m。我国首个运用于海底观测并进行数据采集的信息观测组网——东海海底观测小衢山试验站于 2009 年 4 月 19 日试运行。在试运行阶段,该试验站采集数据完整率达 95% 以上。该研究课题由我国著名海洋科学家、中国科学院院士汪品先教授主持,建成的观测系统实现了能源自动分配、数据实时采集、网络传输与可视化管理。此外,成功研制一套涵盖数据接收、监视和管理的可视化信息系统。东海海底观测小衢山试验站由海洋登陆平台及控制和传输模块、1.1 km 海底光电复合缆、特种接驳盒等多种仪器组成,该试验站在东海正式运行,为我国进一步建立深海观测系统成功迈出第一步。2011 年 4 月,我国启动东海海底观测网建设,同济大学海洋学院与浙江大学等合作的东海海底观测平台一期工程目前已完成设备调试,正在距上海陆地 20 km 的水下 30 m 深海域铺设海底光缆,用于连接地震仪和水下工作站等的缆线长度仅约 1 km,以连续实时观测海底地壳变化过程,下一步计划铺设 50 km 长的光缆。

海洋地震观测一直是台湾地震观测的重要组成部分,1990 年台湾大学海洋研究所研制出三分向海底地震仪,并在第二年成功进行了海上试验。目前台湾有多项海洋地震观测计划用于研究台湾地区临近海域的地壳速度结构和近海区域地震活动性,值得关注的是台湾东部海域电缆式海底地震仪及海洋物理观测系统建设计划(MACHO 计划)。MACHO 原计划投入 8.9 亿新台币,绕南澳海盆和和平海盆铺设全长 412 km 的环状海底电缆,并配置海底地震观测系统及水压仪等。拟布设区域位于俯冲带边缘,水深在 2 000～4 000 m 之间,是台湾地震活动最剧烈的地区之一,其地质构造环境具备引发大地震的前提。MACHO 计划的后期受经费调整影响,调整为铺设约 100 km 光缆,范围缩小为和平海盆的一部分,观测范围为原定的 1/5。2011 年 11 月,中国台湾气象局与日本 NEC 电气株式会社合作的第一阶段观测系统投入使用,铺设电缆线从台湾宜兰县头城镇海缆陆上站向外海延伸 45 km 至和平海盆和琉球岛弧的交界处,电缆线的末端安装海底宽频带地震仪、海底加速度地震仪以及海啸压力计等观测设备,设备所在位置水深为 300 m。从 2012 年 1 月到 2013 年 6 月,MACHO 计划共记录到了 15 168 次地震,分别能够提早 10 s 和 10 min 观测到外海地震和海啸。

1.3 地震动的时域表征参数

人们采用地震仪器观测地震时,一个地震波记录可以看作该过程的某次实现,在物理量纲上通常表示为地面运动加速度、速度、位移等物理量随时间的变化过程,是一个具有随机性的不规则时间函数。在时间序列分析中,通常从时域和频域这两个角度把握这种不规则时间函数的基本特点和规律。幅值、频谱和持时几乎成为现阶段地震波工程特性的代名词,这三方面既是影响结构响应的主要因素,又分别从时域和频域两方面刻画了地震波的主要特性。

1.3.1　地震波幅值特性

人们对地震波的认识首先源于其强度水平,并习惯地采用幅值参数来衡量。地震波幅值可以指加速度、速度或位移等物理量中任何一种的峰值、最大值或某种意义下的等代值。不同于具有明确强度意义的规则时间序列(如谐波)的幅值定义,地震波的幅值由于研究者侧重点和认识角度的不同而存在多达十几种定义形式。表 1.4 中列出了具有代表性的定义及出处。

表 1.4　常用的地震波幅值定义

序号	幅值名称	幅值定义	作者
1	峰值加速度 PGA 和峰值速度 PGV	加速度和速度在时间上的最大值	
2	有效峰值加速度 EPA 有效峰值速度 EPV	$EPA = S_a/2.5$, $EPV = S_v/2.5$ S_a 为 $0.1 \sim 0.5$ s 的 5% 阻尼比加速度反应谱的平均值; S_v 为 1.0 s 附近(通常为 $0.8 \sim 2.5$ s)5% 阻尼比速度反应谱的平均值;2.5 为放大倍数	ATC $-$ 3(1978)
3	持续加速度 a_s 持续速度 v_s	a_s 为加速度时程 $a(t)$ 中第 3、第 4 或第 5 个最大幅值(或平均值);v_s 为速度时程 $v(t)$ 中第 3、第 4 或第 5 个最大幅值(或平均值),一般地,$a_s = 0.6 \sim 0.7PGA$,$v_s = 0.6 \sim 0.7PGV$	Nuttli(1979)
4	等反应谱有效加速度 a_e	$a_e = a'/0.90$ a' 为被削峰后的加速度反应谱面积达到原时程反应谱面积 90% 时原加速度峰值所削到的值	Ohsaki 等(1980)
5	概率有效峰值	按概率分布函数超越概率小于 10% 或 5% 的峰值	Mortgat(1979) Bolt(1982)
6	静力等效加速度	根据地震中简单刚体的倾覆、移动和牛顿第二定律反推的刚体加速度	
7	等效简谐振幅	将地震波时程等效为 10 Hz 或 20 Hz 的简谐振动,一般取为 0.65PGA	Seed 等(1971)
8	平均振幅	取为地震波时程中前 10 个大振幅的平均值	胡聿贤(1988)
9	Arias 强度 I_A	$I_A = \dfrac{\pi}{2g} \displaystyle\int_0^{T_R} a^2(t)\,dt$ T_R 为总持时,g 为重力加速度	Arias(1969)
10	均方根加速度 a_{rms}	$a_{rms}^2 = s_a^2 = \dfrac{1}{T_s} \displaystyle\int_0^{T_s} a^2(t)\,dt$ T_s 为强震段持时或等效平稳持时	Mortgat(1979) Vanmarcke 等 (1980)

序号	幅值名称	幅值定义	作者
11	谱强度 SI_v	$SI_v = \int_{0.1}^{2.5} S_v(T, \zeta) \mathrm{d}T$ S_v 为阻尼比为 ζ 的相对速度反应谱,一般取 ζ 为 0 或 0.5	Housner(1952)

由表 1.4 可知,各幅值定义的区别在于,它们分别刻画了地震波强度水平的不同侧面,所采用的物理量也不尽相同。提出最早、研究最多且使用最广的是峰值,除此之外的其他幅值均具有有效或者等效的意义。峰值主要反映了地震波高频成分的振幅即局部特性,而很难反映整体特性。在时程分析方法十分普及的现阶段,当考查地震波时程与结构响应之间的关系时不难发现,峰值参数并非描述地震波特性的最理想参数,由高频成分所确定的个别尖锐峰值对结构响应的影响并不十分显著,因此,工程界在乐于接受简单直观的峰值参数的同时也接受了具有等效意义的幅值定义。有效峰值参数通过反应谱在一定频段上的平均将地震波特性与结构响应联系起来,并在一些国家的抗震规范中得到应用。持续加速度考虑了地震波次要峰值的影响,包括了结构破坏有一时间过程的含义,部分地反映了持时的影响,但仍以地震波的局部特性为主,等反应谱有效加速度确定过程中削峰的含义在于取消对结构响应影响甚微的极高频成分。从时序分析的观点看,概率有效峰值有其合理性,具有相对和持续的含义,但主观性较强且处理烦琐。

上述具有等效意义的幅值定义虽然具有一定程度持续的概念,但仍仅描述了地震波中的最大峰值及其附近的局部强度分布特性。表 1.4 中的其他等效幅值定义则多是对地震波总能量或者总强度的一种平均描述或整体描述,类似于随机过程的均值概念,只是对整体水平的反映,却不能体现出分布特征。一般地,工程界侧重于接受具有最大值或者有效峰值的定义,研究部门则希望使其具有地震波总能量或总强度的意义。应该看到,虽然各有效或等效幅值具有明确的物理意义,但一般都有主观性,处理也较烦琐。例如,在估计均方根加速度时需要首先确定强震段持时,不同研究者对于强震段的理解是有差别的,Trifunac 和 Brady 曾取为 S 波到达后的 10 s 区段,而 McCann 等则取为 S 波到达后的 T_d 区段,T_d 为断层破裂时间。另外,有效或等效幅值(如均方根加速度)并不像所期望的那样比峰值加速度具有更小的离散。因此,工程上仍多采用简单直观的峰值定义。

由各幅值参数旨在衡量地震波强度水平却各有侧重的定义可见,不同幅值定义所确定的参数之间可能存在一定的相关性,但离散性可能很大,这已得到许多研究的验证。持续加速度与峰值加速度的比值在 0.2 ~ 0.9 之间变化,Ohsaki 等基于日本记录的研究结果表明,峰值加速度与谱强度之间的关系通常具有较大的离散性,胡聿贤(1988)关于峰值加速度与地震波总功率之间相关性的研究结论同样适用于峰值加速度与 Arias 强度之间的关系,即同一峰值加速度所对应的 Arias 强度可以相差 10 倍。

1.3.2　地震波频谱特性

地震波频谱特性指组成地震波的各简谐振动的振幅和相位特性,频谱可显示不同频率分量的强度分布,反映了地震波的动力特性。对于线性体系,结构地震反应取决于地震波频谱和结构体系传递函数的乘积,在时域表现为结构总体反应等于各简谐振动输入反应的叠加。如果地震波的某个简谐振动分量与体系固有频率相同,就会产生共振,这是引起结构破坏的关键原因。震害中有大量的软土地基高层房屋破坏严重,硬土地基上低矮房屋破坏严重的现象就是例证。地震波的频谱特性是结构抗震设计的反应谱理论和振型分解法的基础,在结构非线性反应分析中也有很大作用。

地震工程中常用反应谱、傅氏谱和功率谱来描述。其中,反应谱通过不同 SDOF 结构的最大地震反应建立了结构反应与地震波频谱特性之间的直接关系,在工程抗震分析中应用最广。傅氏谱和功率谱是随机振动分析中用以描述随机过程频谱特性的主要工具,更为直接地反映了过程中不同频率成分的能量贡献或者能量在各频率上的分布,更便于随机过程的模拟,在地震学中的应用较为广泛。

与各幅值参数之间不存在理论上的对应关系因而研究时通常采用统计方法不同,上述三种谱之间可以基于一定的假定进行理论上的相互转换。在研究三者间的关系时应明确它们的意义和区别。傅里叶变换的基本思想是将非周期性的复杂函数表示为周期函数的和,由此得出的傅氏谱 $A(i\omega)$ 包括两部分,即傅氏振幅谱 $F(\omega)$ 和傅氏相位谱 $\Phi(\omega)$,前者描述了各频率含量的振幅分布,其物理意义可理解为自振频率为 ω 的无阻尼 SDOF 体系在地震波终止时的相对速度反应,也可以理解为该体系在地震波终止时 2 倍单位质量总能量(包括动能和位能)的平方根,因此 $F(\omega)$ 总是不大于无阻尼速度反应谱;后者描述了各频率含量的相位分布,其数值与体系在地震波终止时的位能与动能比的平方根相关。区别于功率谱和反应谱的一个明显特点是傅氏谱包含相位信息,与原时程是完全等价的,即由傅氏谱可以完整地再现地震波时程,而仅由反应谱或功率谱则不可能反演地震波时程,因此在三者相互关系的研究中只能将傅氏相位谱弃之不用。功率谱 $G(\omega)$ 反映了地震波总功率在各频率含量上的分布,定义为傅氏幅值谱 $F(\omega)$ 平方的集系平均,实际上通常采用各态历经的假定,用时间平均代替集系平均,区别于傅氏谱和反应谱的一个明显特点是功率谱具有明确的统计或概率意义。反应谱 $S_a(\omega,t)$(或 $S_v(\omega,t)$,$S_d(\omega,t)$)描述的是线性 SDOF 体系在地震过程中的最大反应,与傅氏谱和功率谱的一个明显区别是反应谱还引入了结构的阻尼特性,其结果是某个频率处的谱值代表了地震波中该频率含量及其附近含量的共同贡献,相当于加权平均,所以同频率处的反应谱值与傅氏幅值谱值和功率谱值并不具有简单的比例关系,为此过去曾开展过一些关于反应谱和功率谱对应关系的研究。Vanmarcke 最早用最大反应与均方响应的关系及均方响应与功率谱的关系建立了反应谱和功率谱的关系。基于地震波为平稳过程且功率谱为渐变函数的假定,Kaul(1978)根据线性系统的平稳传输理论推导出功率谱与反应谱的近似关系,Pfaffinger(1983)研究了由反应谱迭代功率谱的方法。江近仁等(1984)用等效平稳扰动研究了均匀调制过程条件下功率谱与反应谱的转换,并给出金井清谱与标准反应谱的对应关系。这些研究在人造地震波的研究中得到应用。

1.3.3　地震波持时特性

继幅值和频谱特性之后,持续时间被认为是对结构响应具有重要影响的地震波三要素之一。关于持时的重要意义,许多研究的结论可以说是一致的,即持时的影响更主要地体现在非线性结构的最大反应和累积破坏反应之中。但是,迄今为止还没有一个趋于一致的持时定义。地震学中通常指绝对持时,即由初至波到达时至可见记录消失并出现脉动信号时的时间间隔;地震工程中通常关心的是地震波的强震部分,希望持时具有相对的含义。研究者出于各自对地震波时程中相对"强弱"程度的不同理解,先后提出过多种持时定义。谢礼立等(1988)曾将各种持时概括为两类,一类是从地面运动的角度出发,通过对记录时程的直接或间接处理得出的持时,称为记录持时,它与结构特性无关;另一类是从工程应用的角度出发,通过对某个结构反应量的处理得出的持时,称为工程持时。按此分类,一些具有代表性的持时定义主要有以下几种。

1.记录持时

(1) 由加速度绝对幅值控制的括号持时(bracketed duration),定义为加速度记录图上绝对幅值首次和末次达到或超过给定阈值 a_0 之间的时间间隔(Bolt,1973),一般取 a_0 为 $0.05g$ 或 $0.10g$。

(2) 由加速度相对幅值控制的分数持时(fractional duration),与括号持时的简单定义相类似,只是阈值取 $a_0 = k \cdot \mathrm{PGA}$,一般取 k 为 $1/2$、$1/3$ 或 $1/5$,也有取 k 为 $1/e$(e 为自然对数的底)。这种简单的相对持时定义不会导致持时为 0 的结果。

(3) 由地震波相对能量控制的相对持时,定义为地震波累积能量自达到某一给定起始累计能量至达到某一给定终止累积能量之间的时间间隔。

(4) 等效平稳持时。将地震波加速度时程 $a(t)$ 等效为方根加速度为 $a_{\max}$,持时为 T_s 的平稳过程(Vanmarcke 和 Lai,1980),满足

$$a_{\max}^2 \cdot T_s = \int_0^{T_R} a^2(t)\,\mathrm{d}t \tag{1.1}$$

显然,仅由上式确定的 T_s 并不唯一,$a_{\max}$ 越大,T_s 越小。基于平稳高斯随机函数在阈值很高时穿越阈值的次数近似符合泊松到达过程的假定,令 T_s 内加速度峰值出现的平均次数为一次(相当于不超越概率为 e^{-1}),Vanmarcke 和 Lai 给出了峰值因子 $r = \mathrm{PGA}/a_{\max}$ 的近似公式,则可唯一地得到

$$T_s = r^2 \cdot \frac{1}{\mathrm{PGA}^2} \int_0^{T_R} a^2(t)\,\mathrm{d}t = r^2 \cdot \frac{E(T_R)}{\mathrm{PGA}^2} \tag{1.2}$$

那么,原非平稳过程按照能量相等的原则等效为一个平稳过程,使结构响应分析尤其是随机分析得到简化。这种定义可认为由地震波的平均能量控制。

(5) 累积均方根持时。定义累积均方根函数 $\mathrm{CRF}(t)$ 为

$$\mathrm{CRF}(t) = \sqrt{\int_0^t a^2(t)\,\mathrm{d}t / t} \tag{1.3}$$

该式反映了不同时刻的能量水平,其导数(斜率)为稳定负值时的时间间隔定义为累积均方根持时(McCann 等,1979,1983)。谢礼立等(1984)曾指出这一定义并不具唯一性,但未给出详细论证。

(6) 能量矩持时。计算平方加速度时程的重心位置

$$T_c = \int_0^{T_R} ta^2(t)\,\mathrm{d}t \Big/ \int_0^{T_R} a^2(t)\,\mathrm{d}t \tag{1.4}$$

和能量分布的二阶矩特征参数

$$T_{\text{o}} = \sqrt{\int_0^{T_R} (t - T_c)^2 a^2(t) \mathrm{d}t \Big/ \int_0^{T_R} a^2(t) \mathrm{d}t} \qquad (1.5)$$

则强震段可认为是$(T_c - T_o, T_c + T_o)$,持时为$2T$。这种定义由地震波的能量分布控制,除了不适用于具有多峰能量分布的地震波情形外,一般与 90% 能量持时具有较好的相关性。

(7) 由地震波绝对能量和相对能量综合控制的持时。在相对持时获得广泛接受的同时,Bommer 等(1996)并不认为这种局限有多大的益处,建议持时取为自累积能量 $E(t) = 0.05$ m/s 之前的 1.0 s 处至平均累积能量增量达相应时刻总累积能量 1% 时的时间间隔。

此外,Trifunac 等、Caillot 等(1992)和 Novikova 等(1994)还在能量持时的基础上提出依频率持时的概念,发现地震波中相应于不同频带的相对能量持时存在随频率的增大而减小等规律,从持时的侧面反映出地震波频率含量的非平稳性,但工程应用还不多见。

2.工程持时

遵循用结构反应描述地震波频谱特性的思路,少数研究者也尝试采用某种结构反应量来标定持时。Perez 在反应包线谱的基础上,提出了反应持时(response duration)的概念,定义为反应谱值超过某给定值的累积时间和。Zahrah 等(1984)以结构输入地震能量为指标来定义持时。鹿林曾在考虑结构非线性反应的基础上提出屈服反应持时。考虑到记录持时可与地震参数具有较好的联系,但很难期望它与结构破坏的严重程度之间有良好的关系,而现有反应持时计算复杂,几乎不含地震信息,因而也很难期望它与地震及结构参数之间的直观关系,谢礼立等(1988)将括号持时拓展为工程持时,此时的阈值取为结构的屈服加速度,后者定义为给定结构的屈服强度除以对应于结构基本周期的反应放大系数与结构质量的乘积。事实上,上述与结构参数有关的持时均应是持时谱。

1.4　地震动的工程特性

1.4.1　时频非平稳特性

随机过程的总体平均与时间起点无关的称为平稳随机过程。同时将不满足上述假定的一般随机过程称为非平稳随机过程。根据随机过程理论可以知道,平稳性是系统不随时间指标变化的一种统计性质,而平稳过程通常是指概率性质在时间平移下不发生改变的随机过程。平稳性是一个时间序列定性的性质,对于某一个实际的随机过程,它只可能存在两种状态,要么是平稳的,要么是非平稳的。所以,可以把所有不满足宽平稳要求的过程都称为非平稳过程。一般来说,精确地确定非平稳过程是很困难的,只能对某些满足一定条件的非平稳过程给出它的近似值。

可以知道,地震波从产生、传播到形成局部场地地震反应是一个极其复杂的过程。随着对地震波研究的不断深入,目前已经形成一个较为一致的观点,地震反应既受到震源机制、传播路径和场地特性等因素的影响,也受到地震波中含有的 P 波、S 波及面波传播及频散的影响,实际的地震波通常存在以下两个共同的特征:

(1) 在时间域上,其强度大都经历了一个从弱到强的迅速增大、强度持续、再从强到弱的缓慢衰减过程,其任意某强度过程的期望和方差均是与时间相关的变量。

(2)在频域上,由于携带不同频率段的 P 波和 S 波的到时差异等因素的影响,因此任意段的频率变化也是非常复杂的。

为此,从上述两个地震波的重要特征,并结合随机过程的平稳性定义,可以得出结论:地震波在其持续时间内是一个强非平稳过程。

地震波的非平稳性同时包括时域上的非平稳性和频域上的非平稳性两个方面。在时域上,它的非平稳性表现在地震波的强度随时间不断变化,从时域的角度来讨论地震波加速度时程的特征参数,峰值表示了地震波在整个时间过程中的瞬时最大值,持时反映了强震的持续时间,包络函数代表了幅值随时间变化的形状。包络函数是地震波合成的一个关键参数,将地震波加速度时程各峰值点连接起来可得到其包络函数,如图 1.7 所示,传统方法合成的地震波时程在时域和频域上都是平稳的。为实现地震波强度的非平稳性,通常将拟得到的平稳地震波时程乘以强度包络函数进行非均匀调制,就可得到非平稳地震波时程。目前,常用的包络函数有 Bogdanoff 模型(1961)、Shinozuka 模型(1967)、Jennings 模型(1968)等,其中 Jennings 等提出的包络函数分段模型应用最为广泛,如图 1.8 所示,写为

$$w(t)=\begin{cases}(t/t_1)^2 & (t\leqslant t_1)\\1 & (t_1<t<t_2)\\e^{-c(t-t_2)} & (t\geqslant t_2)\end{cases}\tag{1.6}$$

式中,t_1、t_2 分别为强震持续阶段的开始、终止时刻;c 为参数,控制衰减阶段的变化速率。t_1、t_2、c 不仅与发震机理、地震波传播路径、场地土质等参数有关,而且与自激发地震波记录仪的灵敏度有关。

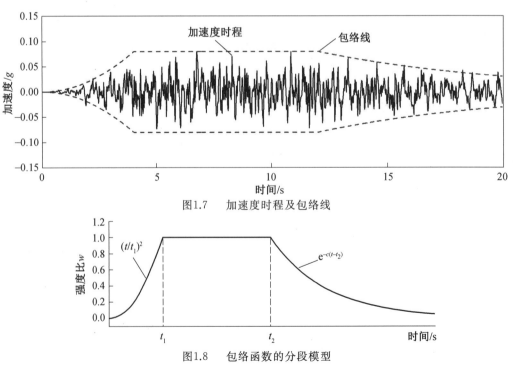

图1.7　加速度时程及包络线

图1.8　包络函数的分段模型

在频域上,地震波非平稳性表现在地震波频率成分随时间不断变化。同时由结构动力学可知,结构在动力荷载作用下的反应除与荷载幅值有关外,还与荷载频率和结构自振频率之比有关,与荷载在频率内的能量分布有关。因此,从频域的角度来讨论地震波加速度时程的特征参数,有傅里叶谱、功率谱和反应谱。傅里叶谱表示地震波时程中各谐波分量在总量中的比重,功率谱表示地震波能量在频率轴上的分布,地震反应谱指不同自振特性的弹性单自由度体系在某一地震波加速度 $a(t)$ 作用下,该振子的某一反应量的最大值与体系动力特性(包括阻尼、频率或周期)间的函数关系。地震波的功率谱密度函数大体反映了地震波在各个频率成分上振动能量(或振幅)的大小分布,能够直接提供地震波激励的有关信息。综上所述,这两个特性即简称为时频非平稳特性。

图 1.9 所示为 2010 年 El Mayor − Cucapah_ Mexico 地震中,Westside Elementary School 台站记录到的加速度时程(RSN8606)。可以看出,该地震记录具有非常明显的非平稳性。在时域上具有大量的脉冲型加速度分量,在时频域上,前半段同时具有相对的高频和低频成分,后半段则具有相对较低的频率。

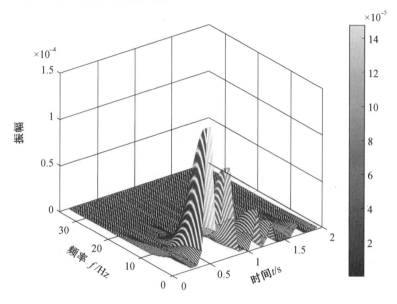

图1.9　实际地震中加速度记录(RSN8606)的时频图

随着时频分析技术的发展,人们认识到除了传统的幅值、频谱、持时三要素特性外,地震波时频非平稳特性对结构的地震反应影响也不容忽视。如杨红等的研究表明,如果地震波能量在时间和频率上都相对集中,则可能对钢筋混凝土结构造成更加严重的破坏;Spanos等研究了不同非平稳特点地震波作用下高层钢结构响应时程的频率特性,认为其平均频率会因为刚度退化而降低;Cakir 研究了频率非平稳性对悬臂挡土墙的影响,认为其动力响应对地震波频率高度敏感;Basone 等分别采用强度非平稳和全非平稳的人工地震波,研究了四种几何结构的易损性,发现非平稳地震波作用下不规则结构有更大的倒塌风险;Kashani等采用近断层脉冲地震波和远场地震波研究了地震波非平稳特性对钢筋混凝土桥墩非线性地震响应的影响,发现脉冲作用会增大平均加速度响应大约 50%。

1.4.2 时空分布特性

地震波以波的形式向四周传播,在传播过程中,不仅有时间上的变化特性,而且存在着明显的空间变化特性。地震波的这种空间变化特征主要表现为以下四个方面:行波效应、部分相干效应、衰减效应和局部场地效应。

行波效应是由在不同站点处地震波到达时间的差异所产生。在结构的跨度不大或延迟时间很短时,可视为一致激励;对跨度大或延迟时间长的结构就不适用,需考虑行波效应的影响。行波效应示意图如图 1.10 所示。

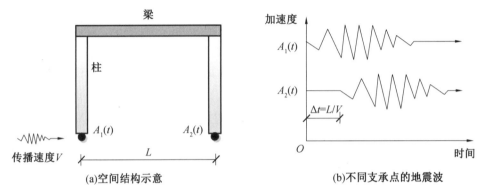

图1.10 行波效应示意图

部分相干效应是指由于地震波在不均匀土壤介质中传播时的反射和折射作用,以及从震源的不同位置传播到不同支座的地震波叠加方式不同,从而导致各支座受到的地面激励之间并不完全相干。若震源为点型破裂,则同一谐波分量从震源传播到 k、l 两点的过程中会经过不同介质,使其幅值和相位在 k、l 两点产生差异,并引起不相干效应,如图 1.11(a) 所示。若震源是线型或面型破裂,不同部位释放的同频谐波分量的幅值和相位本身就会存在差别;经过不同路径分别传播到 k、l 两点后叠加,使得两点同频谐波分量的幅值、相位角必然存在差异,更会引起不相干效应,如图 1.11(b) 所示。显然,随着 k、l 两点距离 d_{kl} 的增大,传播路径差异也会增大,谐波分量幅值、相位角产生变异的可能性也随之增大;谐波分量频率越高,传播过程中振动次数越多,幅值、相位角产生变异的可能性也随之越大。

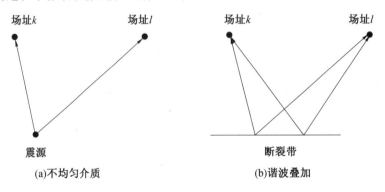

图1.11 不相干效应的两种情况

地震波在传播过程中,传播介质的阻尼及波动的离散性等原因导致地震波的幅值发生衰减,幅值的衰减大小是频率和震源距的函数。这种由传播过程中的幅值衰减导致的地震波相干函数幅值的降低称为衰减效应。

地震波强度及频谱特性会受到场地条件的影响,即地震波在不同介质成分的土层中传播的速度和强度不同。通常来说,较软土质会对地震波的强度起到放大作用,即场地效应,如图 1.12 所示。在 1985 年墨西哥地震中,距震中仅 50 mi(80 km)的海岸城市比墨西哥城的损坏还要轻,而墨西哥城距震中约有 400 km。这是因为海岸地区的地基是由岩石构成的,它的振动比建造墨西哥城的冲积湖床的振动轻微。虽然由震中传到墨西哥城的地震波减弱了,但是该城市的地基又把它们放大了。

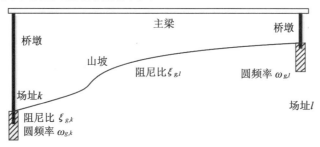

图1.12　局部场地效应示意图

1.4.3　长周期脉冲特性

通过研究近些年来一些地区发生的大地震,如 1994 年美国 Northridge 地震、1995 年日本 Kobe 地震、1999 年中国台湾集集地震、2008 年中国汶川地震等,发现这些大地震都具有一个共同的特点,即含有不寻常的大幅值、长周期的脉冲运动。它们的加速度峰值和速度峰值相当大,部分地震波记录可以归结为近乎简单冲击型运动,产生显著的冲击力和变形,增大结构的破坏程度。如 1999 年我国台湾地区集集地震的 TCU052 － NS 记录分量,其加速度峰值达到0.42g,速度峰值为 165.1 cm/s。这些脉冲型记录的脉冲周期一般为 1～3 s,更有部分记录其至超过 6 s。将这一特性称为长周期脉冲特性,不止体现在速度时程上,甚至在加速度和位移时程上也出现显著脉冲,如图 1.13 所示。

基于该现象的发生,国内外研究人员通过对 20 世纪末期最具典型代表的地震波记录的统计分析表明,断层附近地震波特性明显不同于远场地震波,大幅值、长周期的脉冲特性为断层附近地震波较典型的特性之一。为区别台站至断层之间距离的粗略划分,将这类地震统称为近断层地震波,即断层距小于 20 km 的地震波。通过进一步分析,人们逐渐认识到,长周期脉冲特性是震源机制、断层破裂过程、场地条件等综合影响下的体现。强震发生时,断层破裂以接近于剪切波速的速度向前传播时,会在断层破裂的前方场地聚集大量的断层破裂能量,引起类似脉冲形式的地面运动,由于剪切波是横波,会在这些场地上的垂直断层方向的记录中显示出明显的大幅值、长周期脉冲特性。同时由于静力位移的影响,地震时断层两侧发生相对错动或滑动,最后在滑动方向上产生地面永久位移的现象。在地面运动记录上表现为在断层滑动方向的速度时程中出现一个单向的速度脉冲,而位移时程中出现一个"台阶"状的永久位移。对走滑断层地震,地面永久位移表现在平行断层方向;对于正断层或逆断层地震则与断层滑动方向一致,此时可能发生与断层破裂发展造成的脉冲效应在垂直于断层方向出现耦合的情况。根据地震波脉冲特性的形成原因,可以将速度大脉冲总结为两种形式:

(1)由于破裂传播的多普勒效应引起的方向性速度脉冲,这个速度脉冲表现为一个双向速度脉冲。这样的速度脉冲主要表现在垂直于断层面的方向上,当断层的倾角较大时,主要表现在垂直于断层走向的方向上。

(2)由地面永久位移引起的速度脉冲,这个脉冲与永久位移的大小和产生永久位移的时间有关,它主要表现在平行于断层滑动方向的分量上,而且呈单向脉冲。

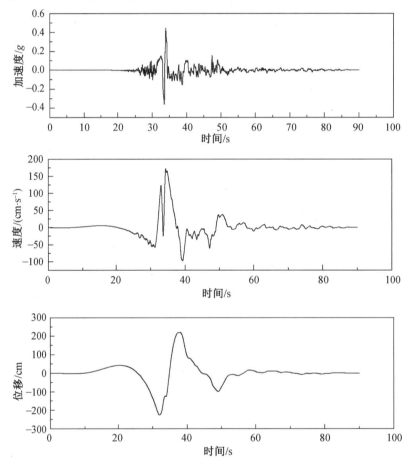

图1.13　集集地震中(TCU052－NS)的地面运动时程

近年来,具有速度脉冲的近断层地震波引起了各国学者的广泛关注和重视,但由于实际的脉冲型地震记录数量有限,而结构分析又极须其需求,国外学者提出了多种模型来模拟速度脉冲时程并研究模型参数对结构反应的影响及结构的破坏特征。速度脉冲模型有多种,如矩形脉冲模型(图1.14)、Makris等脉冲模型、谐函数和指数分段模型(Menun)。

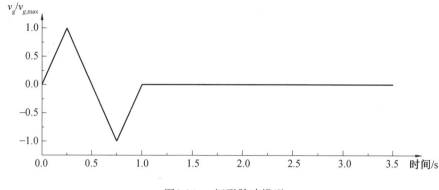

图1.14　矩形脉冲模型

其中 Makris 等将近断层脉冲型地震记录按照形状分为 A、B、C_n 三类,如图1.15所示。A 类模型为单半波脉冲,用以模拟方向性效应和永久地面位移效应引起的脉冲型速度记录;B 类模型为双半波速度脉冲,用以模拟方向性效应引起的脉冲型速度记录;C_n 类模型为三个及以上半波的速度脉冲,用以模拟方向性效应引起的脉冲型速度记录。这三类速度时程模型公式如下:

$$A 类模型:v(t) = \frac{v_p}{2} - \frac{v_p}{2}\cos(\omega_p t) \quad (0 \leqslant t \leqslant T_p) \tag{1.7}$$

$$B 类模型:v(t) = v_p \sin(\omega_p t) \quad (0 \leqslant t \leqslant T_p) \tag{1.8}$$

$$C_n 类模型:\begin{array}{l} v(t) = v_p \sin(\omega_p t + \varphi) - v_p \sin\varphi \\ (0 \leqslant t \leqslant (n + \frac{1}{2} - \frac{\varphi}{\pi})T_p) \end{array} \tag{1.9}$$

式中,φ 为相位角;n 为与 φ 有关的表示脉冲形状的参数,两者间满足

$$\cos[(2n+1)\pi - \varphi] + [(2n+1)\pi - 2\varphi]\sin\varphi - \cos\varphi = 0 \tag{1.10}$$

当 $n = 1$ 时,$\varphi = 0.069\ 7\pi$,速度为三半波脉冲;当 $n = 2$ 时,$\varphi = 0.041\ 0\pi$,速度为四半波脉冲。

(a)A类速度脉冲　　　　　(b)B类速度脉冲　　　　　(c)C_n类速度脉冲

图1.15　Makris 等(2003)的脉冲模型

Menun 速度脉冲模型采用三角函数和指数函数结合来模拟速度脉冲波形,表达式为

$$\dot{u}_m(t,\boldsymbol{\theta}) = \begin{cases} V_p \exp\left[-n_1\left(\dfrac{3}{4}T_p - t + t_0\right)\right]\sin\left[\dfrac{2\pi}{T_p}(t-t_0)\right] & \left(t_0 < t \leqslant t_0 + \dfrac{3}{4}T_p\right) \\[3mm] V_p \exp\left[-n_2\left(t - \dfrac{3}{4}T_p - t_0\right)\right]\sin\left[\dfrac{2\pi}{T_p}(t-t_0)\right] & \left(t_0 + \dfrac{3}{4}T_p < t \leqslant t_0 + 2T_p\right) \\[3mm] 0 & (其他) \end{cases}$$

$$(1.11)$$

式中，V_p 为速度脉冲最大幅值；T_p 为速度脉冲最大持时；t_0 为脉冲起始时间；n_1、n_2 为形状参数；$\boldsymbol{\theta}$ 为参数向量，$\boldsymbol{\theta} = [V_p, T_p, t_0, n_1, n_2]^T$。

通过调整脉冲形状参数 n_1、n_2，可以得到 $1 \sim 4$ 个半波脉冲，如图 1.16 所示，该模型可考虑相邻脉冲波峰、波谷幅值的不同取值，得到的脉冲形状更为符合实际脉冲型地震波的形状。

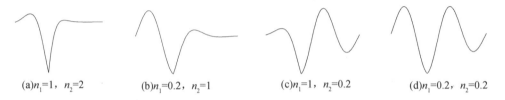

  (a)$n_1=1$，$n_2=2$ (b)$n_1=0.2$，$n_2=1$ (c)$n_1=1$，$n_2=0.2$ (d)$n_1=0.2$，$n_2=0.2$

图1.16 谐函数和指数分段模拟脉冲模型

长周期脉冲特性是近断层地震波所特有的性质，但却不是所有近断层地震波都具有这一特性。所以如何进行脉冲的识别十分重要，Shahi—Baker 法是一种高效、定量的脉冲识别方法，提出了一个新的基于支持向量机（Support Vector Machines，SVM）的脉冲识别指标。这种方法通过对地震波的两个正交分量做连续小波变换，来识别地震波是否具有脉冲。用这种方法识别地震波记录，降低了脉冲误判的可能性。

随着国民经济和科技水平的不断发展，近年来越来越多大尺寸的建（构）筑物作为生命线被修建在近断层区域甚至跨越断层。但是，长周期、高幅值速度脉冲的近断层地震波通常伴有高能量，其在较短的时间内将很大一部分地震波能量输入结构，使得结构在短时间内受到高能量的冲击作用，致使结构在地震中产生较大的变形，从而对结构产生更为严重的破坏。例如与非脉冲地震作用相比，脉冲地震作用下，大跨度结合梁斜拉桥的地震响应显著增大，主梁和桥塔的地震响应改变率最大分别可达到 177.9％ 和 78.44％，因此大跨度结合梁斜拉桥抗震设计时应当充分考虑长周期脉冲特性的不利影响。

1.5 地震动拟合的现状及趋势

1.5.1 地震动时程拟合方法分类

准确的地震动拟合是保证工程结构抗震分析的必要前提。地球内部震源释放的地震动以一定的辐射方式通过地壳介质传播至地表面。受到地震震级、震中距、震源深度、地震机制以及地质条件等因素影响，实际地震动的各种特性均呈现非常复杂的变化。为了满足和适用于工程结构抗震分析的需求,包括地震学家和地震工程学家在内的国内外大量学者分别致力于地震动人工拟合方法的研究工作。随着地震震害经验和强震观测资料的积累波实测记录的逐渐丰富,目前在地震波合成方法方面已取得了不少的成果。从研究方法来看,可以把地震动拟合方法分成三大理论体系,即常说的地震学方法、工程学方法和工程地震学方法。

(1)地震学方法主要致力于震源理论与波动理论相结合的方法,以了解震源机制、地球地质结构和地震预测为主要目的,预测某区域未来一定大小的地震在特定方位和特定场地产生的地震波。

(2)工程学方法则以研究地震波引起的结构响应为目的,主要采用经验统计方法从观测资料中确定与结构地震响应密切相关的地震波参数的统计特征,从而提出适用于工程抗震分析的地震动模型,对于模型的物理意义考虑得较少。

(3)工程地震学方法即将工程学与地震学方法相结合,从地震学角度选取若干主要参数(如震级、震中距等),结合场地条件的分析,建立依赖于震级、震中距、场地条件的地震动拟合方法。

从工程结构抗震应用的角度,地震动拟合方法主要与工程学、工程地震学模型相对应。即依赖于场地反应谱为目标的工程方法及考虑震级、震中距、场地条件及震源机制等因素影响的半经验综合方法。

1.5.2　地震动时程拟合发展趋势

随着工程建设的发展,越来越多的大跨度结构(如大跨桥梁、大跨网架结构等)逐渐兴起,工程场地条件也越来越恶劣,涌现出跨越地震断层或深水海域等重大工程需求。因此,目前对于工程地震动拟合方法提出了一些新的需求,如考虑空间多点地震动、近断层地震波及海域场地地震动的拟合方法。

(1)空间多点地震动的拟合方法。

到目前为止,空间地震动场的合成方法有很多,按照随机相位谱的来源,可以把地震动场的合成方法大致分为两类,即基于包络函数的地震动场的合成方法和基于相位差谱的地震动场的合成方法。金星、朱昱、赵凤新、杨庆山等分别对相位谱、相位差谱展开研究,得到的结论为平稳时程与非平稳时程的相位谱频数分布均近似为$[0,2\pi]$区间内的均匀分布,相位差谱对加速度的形状有很大影响。对于基于相位差谱的地震动合成方法,杨庆山使用单位幅值谱与 El Centro 波相位谱合成强度非平稳的时程曲线,用实例证明了相位差谱在强度非平稳特性上的作用,提出具有时─频非平稳特性地震动的合成方法;董汝博认为采用相位差谱生成相位角合成的地震动即具有非平稳特性,不必再利用强度包络来考虑时域中强度不平稳特性;刘文华基于相位差谱合成空间相关的多点地震波场。

(2)近断层地震波拟合方法。

随着我国交通强国等国家战略的推进,越来越多的工程结构不可避免地需要建造在近地震断层区域,如我国正在建设的川藏铁路横穿甘孜炉霍地震带和雅鲁藏布江地震带。已有的研究表明:具有速度脉冲、永久大位移及显著竖向地震波等特性的近断层地震波会对结构地震响应产生较大影响,将增加工程结构的非弹性响应和延性需求,可能对较长周期的结构造成较大的结构残余位移甚至倒塌等严重损害。1999 年集集地震中集鹿大桥的震害已表明,处于地震断层的斜拉桥会遭受到较严重的破坏。国内外同行也逐渐认识到近断层地震动对结构的危害性,如美国 UBC97 规范、日本桥梁设计规范(1998 修改版)及我国台湾地区抗震规范均有明确规定:在抗震分析中应考虑近断层地震动的不利影响。针对近断层脉冲型地震动,一些学者已初步探索了利用等效速度脉冲模型生成低频成分,并通过时域叠加法叠加高频成分来模拟人工近断层脉冲型地震动。其中,高频成分主要有以下四种方法:

① 随机模型法。田玉基根据模拟断层地震的矩震级和场地土质条件,通过 Clough — Penzien 功率谱密度函数模型模拟频率大于 1 Hz 的高频成分;Rezaeian 等通过 Kanai — Tajimi 功率谱密度函数模型模拟近断层地震动的高频成分。

② 直接采用实测地震动记录。Yan 等选取无脉冲近场地震动并保留其大于 1 Hz 的频率成分作为拟合地震动的高频成分;樊剑根据场地条件选取实际远场地震动作为高频成分底波,利用 S 变换对底波进行时频滤波得到拟合地震动的高频成分;江辉等选择远场地震波记录 El Centro 波作为脉冲型地震动合成时的高频底波。无脉冲近场地震动、远场地震动与近断层脉冲型地震动的高频成分存在显著差异,因此这类方法无法真实反映结构的地震响应。

③ 分解法。李帅采用四阶巴特沃斯滤波器(Butterworth 滤波器)对实测近断层脉冲地震波的速度时程进行分解,将实测地震动记录分解得到的高频无脉冲成分与等效速度脉冲模型叠加。

④ 目标反应谱法。王宇航以《公路桥梁抗震设计细则》(JTG/T B02-02—2008)中的设计反应谱作为目标谱生成地震动的高频成分,与等效速度脉冲模型叠加。

(3)海域场地地震动拟合方法。

我国目前规划了多条跨通道建设方案,其中不少均处于地震频发的海域场地。已有的海域地震台网的实测数据表明,海域地震动与陆域地震动在频谱特性、V/H 等参数上会有显著的不同。这有以下两个原因:

① 深水层覆盖的影响下,海底土层的含水率通常较高,会改变海底地震动的传播速度和反射规律。

② 海水层的存在会显著抑制地震波中 P 波成分的共振频率附近的海底垂直运动。鉴于海域场地地震动与陆域场地地震动的特性具有显著差异,有必要发展和完善适用于海域地震动的拟合方法。

第2章 工程地震动^①拟合的基本思路

2.1 地震动信号处理技术

2.1.1 傅里叶变换

信号处理从最早的时域统计到傅里叶变换(Fourier Transform,FT)的频域分析,是人们认识信号本质的一次巨大飞跃。傅里叶变换是 1807 年由法国的数学家和物理学家约瑟夫·傅里叶提出来的,傅里叶变换对现代信号处理技术具有重大意义。

一般情况下,若"傅里叶变换"一词的前面未加任何限定语,则指的是"连续傅里叶变换"。介绍傅里叶变换之前需要了解傅里叶级数的概念,傅里叶级数是一种将周期为 T 的周期信号 $x(t)$ 展开成直流分量和一系列谐波分量的级数展开方法。这里的谐波分量的频率是基频 $\omega = 2\pi/T$ 的整数倍。傅里叶级数复数形式的表达式如下:

$$x(t) = \frac{1}{T} \sum_{n=-\infty}^{\infty} X_n \mathrm{e}^{\mathrm{j}n\omega t} = \frac{1}{T} \sum_{n=-\infty}^{\infty} X_n \mathrm{e}^{\mathrm{j}2\pi nt/T} \tag{2.1}$$

$$X_n = \int_{-\frac{T}{2}}^{\frac{T}{2}} x(t) \mathrm{e}^{-\mathrm{j}\omega t} \mathrm{d}t = \int_0^T x(t) \mathrm{e}^{-\mathrm{j}2\pi t/T} \mathrm{d}t \tag{2.2}$$

式中,$x(t)$ 为连续信号的通用表达式;t 为时间变量,取值范围为 $(-\infty, +\infty)$;X_n 为复数;n 为离散时间变量,取值范围为 $0, \pm 1, \pm 2, \cdots$;j 为虚数单位。

根据傅里叶变换发展的顺序,本节将依次介绍连续傅里叶变换、离散傅里叶变换、快速傅里叶变换和短时傅里叶变换四种方法。

1.连续傅里叶变换(Continuous Fourier Transform,CFT)

连续傅里叶变换是将非周期连续信号看成周期为无穷大的周期信号,应用指数形式傅里叶级数,可以得到傅里叶正变换和反变换,它们构成一个傅里叶变换对。其典型表达式如下:

正变换:

$$X(\omega) = \int_{-\infty}^{\infty} x(t) \mathrm{e}^{-\mathrm{j}\omega t} \mathrm{d}t \tag{2.3}$$

反变换:

---

① 注:地震波是由地震震源向四周传播的振动,会引起地表附近土层振动,进而导致工程结构产生相应结构振动。因此,本书中工程地震波拟合中的"地震波"均指代"地震动",与 2003 年公布的土木名词中"地震动(Ground Motion)"一致,特此说明。

$$x(t) = \frac{1}{2\pi} \int_{-\infty}^{\infty} X(\omega) e^{j\omega t} \, d\omega \tag{2.4}$$

傅里叶变换是信号处理领域一种很重要的常用算法,它能够将任何连续测量得到的时序或信号表示为不同频率的正弦波信号的无限叠加。也就是说,可以利用直接测量到的原始信号,根据傅里叶变换算法,以累加方式来计算该信号中不同正弦波信号的频率、振幅和相位。

所以,傅里叶变换在信号与系统和通信原理中得到了广泛应用,主要表现在可利用傅里叶变换恒等变形和性质中的对偶性,快速计算其频谱。比如,计算信号 $f(t) = 1/t^2$ 的频谱和随机信号频谱;数学上傅里叶变换再根据信号的能量定理求解出复杂的广义积分;除此之外,利用傅里叶变换能在同一次测量中同时反演多个气体的浓度,即红外光谱技术,可测量出环境大气中水汽的稳定同位素。

但是,由于连续傅里叶变换实际所采集信号是连续的,且样本长度是无限的,因此连续傅里叶变换的应用范围有限。

2.离散傅里叶变换(Discrete Fourier Transform,DFT)

由于连续傅里叶变换采集的样本信号只能是连续且无限长度的,因而诞生了离散傅里叶变换。离散傅里叶变换目前已经成为用计算机研究傅里叶变换的专门名词。离散傅里叶变换首先是从傅里叶积分变换的数值积分,之后推导出一个离散变换对,最后求出离散傅里叶变换。离散傅里叶变换的定义如下:

给定有限长离散信号 $x(n)$:

$$x(n) = \begin{cases} x(n) & (0 \leqslant n \leqslant N-1) \\ 0 & (n \geqslant N) \end{cases} \tag{2.5}$$

式中,N 为序列的点数,即 DFT 变换的长度。

定义 $x(n)$ 的离散傅里叶正变换为

$$X(k) = \sum_{n=0}^{N-1} x(n) e^{-j\left(\frac{2\pi}{N}\right) nK} \quad (k = 0,1,\cdots,N-1) \tag{2.6}$$

令 $W_N = e^{-j\left(\frac{2\pi}{N}\right)}$,则

$$x(k) = \text{DFT}[x(n)] = \sum_{n=0}^{N-1} x(n) W_N^{nK} \tag{2.7}$$

$$(k = 0,1,\cdots,N-1, n = 0,1,\cdots,N-1)$$

式中,$X(k)$ 为 $x(n)$ 的离散傅里叶变换系数,也就是需要得到的"频谱";W 为单位周期复指数序列。

如果对离散傅里叶变换系数 $X(k)$ 进行离散傅里叶反变换(Inverse Discrete Fourier Transform,IDFT),可获得原序列 $x(n)$:

$$x(n) = \text{IDFT}[x(k)] = \frac{1}{N} \sum_{n=0}^{N-1} x(k) W_N^{-nK} \quad (k = 0,1,\cdots,N-1; n = 0,1,\cdots,N-1) \tag{2.8}$$

由于 DFT 分析的信号是离散并且有限长的序列,因此更适合于计算机的计算。DFT 有

着广泛的应用,比如在多旋翼无人机循迹检测系统设计中,可利用 DFT 对系统的算法进行编程来执行软件程序,包括数据离散处理程序与循迹数据傅里叶变换输出程序;还可以利用MATLAB 软件编程对二维医学图像和三维医学体数据进行离散傅里叶变换,实现医学图像平缓区域的变化由低频系数表示,医学图像的突变部分由高频系数表示,从而对医学图像做到高效处理;可以将离散傅里叶变换与数 — 极坐标映射方法(LPM)相结合,得到不变域的嵌入水印。

但是,DFT 的计算是大量的复数乘法及加法,直接计算 DFT 的计算工作量相当大,特别是当数据点数 N 很大时,使用计算机也颇费时间。

3.快速傅里叶变换(Fast Fourier Transform,FFT)

虽然 DFT 是利用计算机进行信号谱分析的理论依据,但如果直接利用 DFT 来计算信号的频谱,计算量太大。为了解决 DFT 计算耗时的问题,直到 1965 年,由 J.W.库利和 T.W.图基提出了 FFT 算法,把运算速度提高了 $1 \sim 2$ 个数量级,特别是被变换的抽样点数 N 越多,FFT 算法计算量的节省就越显著。FFT 算法是数字信号处理中最基本的算法,使数字信号分析与处理有了强有力的工具,并且广泛地应用于科学技术领域,因此应当很好地掌握FFT 的算法原理。

快速傅里叶变换是有限序列离散傅里叶变换的一种快速算法,主要特点是大大地减少进行离散傅里叶变换所需要的运算次数。下面对快速傅里叶变换进行简单的介绍。

N 点序列 $x(r)$ 的 N 点离散傅里叶变换可表示为

$$X(k) = \sum_{r=0}^{N-1} x(r) W^{kr} \quad (0 \leqslant k \leqslant N-1) \tag{2.9}$$

其中

$$W = e^{-j2\pi/N} \tag{2.10}$$

利用系数 W^{kr} 的周期性,即

$$W^{kr} = W^{k(r+N)} = W^{(k+N)r} \tag{2.11}$$

可将离散傅里叶变换运算中的某些项合并。

利用其对称性,即

$$W^{kr+N/2} = -W^{kr} \tag{2.12}$$

并根据其周期性可将长序列的离散傅里叶变换分解为短序列的离散傅里叶变换。快速傅里叶变换正是基于这样的基本思路发展起来的。FFT 算法基本上可以分为两大类:按时间抽取法和按频率抽取法。当信号长度为 $N = 2^L$(L 为整数)时,称为基 — 2 快速傅里叶变换。这里只简单说明一下基 — 2FFT 算法。

(1)按时间抽取的 FFT 算法。

将 $N = 2^L$ 的序列 $x(r)(r = 0,1,2,\cdots,N-1)$,先按 r 的奇偶分成两组:

$$\begin{cases} x(2s) = x_1(s) \\ x(2s+1) = x_2(s) \end{cases} \left(s = 0,1,2,\cdots,\frac{N}{2}-1\right) \tag{2.13}$$

分别求其 $N/2$ 点的离散傅里叶变换,得到前半部分为

$$X(k) = X_1(k) + W^k X_2(k) \quad \left(k = 0,1,\cdots,\frac{N}{2}-1\right) \tag{2.14}$$

后半部分为

$$X\left(k+\frac{N}{2}\right)=X_1(k)-W^kX_2(k) \quad \left(k=0,1,\cdots,\frac{N}{2}-1\right) \tag{2.15}$$

重复这一过程,可得到 $x(r)$ 的 FFT。

(2)按频率抽取的 FFT 算法。

按频率抽取的 FFT 算法与按时间抽取的 FFT 算法相似,只是划分方式略有差别而已。先把 $x(r)$ 按前后划分为两半,再重复以上过程。

快速傅里叶逆变换算法和快速傅里叶正变换算法基本相同,比较离散傅里叶正变换与逆变换公式,正变换为

$$X(k)=\sum_{r=0}^{N-1}x(r)W^{rk} \tag{2.16}$$

逆变换为

$$x(r)=\frac{1}{N}\sum_{k=0}^{N-1}X(k)W^{-kr} \tag{2.17}$$

可以看出,只要把离散傅里叶正变换运算中的每一个系数 W^{rk} 换成 W^{-kr},并且最后乘以常数 $1/N$,就可用于离散傅里叶逆变换的运算。

由于计算工作常常通过计算机来进行,在使用离散傅里叶变换进行复杂运算时,计算机往往会因为运算负担过大而导致耗电量高,因此,运算速度相对较慢的计算机系统常常对此敬而远之。而由于快速傅里叶变换不仅运算速度快,运算量也相对较低,因此也使得 FFT 在生产和生活中的作用都极其巨大。例如:FFT 在信号处理中可以在某个给定的错误容限下,把小于相应阈值的快速傅里叶变换系数置零,从而减少需要传输的系数,达到信号压缩的功能;将图像进行 FFT 使其转化到频域,图像像素中高频部分的幅值置为 0,同时只保留低频部分幅值,能够让卫星图像去噪达到清晰的效果。

但是,FFT 需要对参与运算的样本序列做出限制,即要求样本数为 2^N 点。除此之外,FFT 分析不能刻画时间域上信号的局部特性,对突变和非平稳信号的效果不好,没有时频分析。

4. 短时傅里叶变换(Short Time Fourier Transform,STFT)

由于 FFT 处理非平稳信号时只能获取一段信号总体上包含哪些频率的成分,但是对各成分出现的时刻并无所知,因此时域相差很大的两个信号的频谱图可能是一样的。平稳信号大多是人为制造出来的,而自然界的大量信号几乎都是非平稳的,因此短时傅里叶变换随之诞生。Dennis Gabor 于 1946 年引入短时傅里叶变换,其基本思想是:用窗口函数将信号划分成许多小时间间隔,对每个时间间隔进行傅里叶变换,以确定该时间间隔所存在的频率。

短时傅里叶变换的定义如下:若信号 $x(t)\in L^2(R)$,波形如图 2.1(a)所示,选取窗函数为 $g(t)$(一般选对称函数),窗函数如图 2.1(b)所示,取样函数如图 2.1(c)所示,则 STFT 定义为

$$\text{STFT}(t,\omega)=\int_{-\infty}^{+\infty}x(\tau)g(\tau-t)\text{e}^{-j\omega\tau}\text{d}\tau \tag{2.18}$$

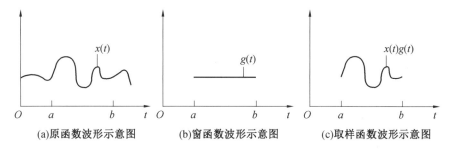

图2.1　短时傅里叶变换波形、窗函数、取样函数

式中，$g(\tau-t)$ 为窗函数。

短时傅里叶变换的一维反变换为

$$x(t)=\frac{1}{2\pi g(0)}\int_{-\infty}^{+\infty}\mathrm{STFT}_x(t,\omega)\mathrm{e}^{-\mathrm{j}\omega\tau}\,\mathrm{d}\omega \qquad (2.19)$$

短时傅里叶变换的实质就是选用一个分别以时间 t 和频率 ω 为中心，以特定的时间步长和频率步长构成滑动矩形窗，在整个时域－频域二维平面上提取局部信号，进行傅里叶变换分析。因此，合理地选择时间步长和频率步长就可以做到在一个很窄的时间带和很窄的频带上对信号变化进行分析，做到之前 FFT 不能做到的局部分析。

STFT 方法目前有较广泛的应用：在风机叶片检测方面，基于短时傅里叶变换能够实现从频谱中出现的波动分析出裂纹发展的情况，做到对损伤的检测；基于 STFT 时频分析方法可以实现对火成岩储层裂缝的有效识别。

虽然 STFT 相较于 FFT 具有了局部分析能力，但也存在着自身的局限性。一旦窗函数确定，则窗口形状即确定，此时仅能改变窗口在相平面的位置，而不能改变窗口形状，所以STFT 只能进行固定分辨率的分析，若要改变分辨率，则只能重新选择窗函数。对于平稳信号，STFT 分析其时频效果较理想，但对于非平稳信号，如果信号波形变化剧烈，此时主频较高，则要求时间分辨率较高；而波形变化平缓时，主频较低，则要求频率分辨率较低，而STFT 不能同时兼顾两者。

综上，傅里叶变换是目前在信号处理中常用的时域转换方法，其在地震波信号处理方面有着较为广泛的应用。例如：针对叠后地震记录，利用傅里叶尺度变换的性质，能对估算出的地震子波进行变换，得到更高频率的地震子波，再利用反演得到的滤波因子实现对地震记录提高分辨率的处理；在对天然地震事件的观测资料进行截取和滤波等预处理后，基于短时傅里叶变换将其转换为时频域的对数振幅谱，并使用含有 3 个卷积层的卷积神经网络作为分类器，可实现地震事件自动分类。

2.1.2　小波变换

为了克服傅里叶变换无法实现时域局部化和 STFT 存在固定分辨率的缺陷，从而实现窗口函数形状的改变，即在低频部分具有较高的频率分辨率和较低的时间分辨率，而在高频部分具有较高的时间分辨率和较低的频率分辨率，本节将介绍小波变换（Wavelet Transform，WT）相关理论，内容包括连续小波变换和离散小波变换两部分。

1. 连续小波变换(Continuous Wavelet Transform，CWT)

小波变换即连续小波变换，是由法国地球物理学家 Morlet 于 20 世纪 80 年代初在分析地球物理信号时提出的，被人们誉为"数字显微镜"。

小波变换的具体计算方法就是将一个信号(函数)与小波基进行卷积运算，将信号分解成位于不同频带和时段内的各个成分，进行进一步的分析和处理。在小波变换时，应该根据实际需要尽可能设计、选取出"好的"小波基，使得一组被平移和伸缩形式的小波基构成一组正交基。所谓"好的"小波基，是指该小波函数至少是连续的，或许还有连续导数。

函数 $f(t)$ 的连续小波变换可表示为

$$W_f(a,b)=(f,\varphi_{a,b})=\frac{1}{\sqrt{|a|}}\int_{-\infty}^{+\infty}f(t)\varphi\left(\frac{t-b}{a}\right)\mathrm{d}t \tag{2.20}$$

$$f(t)=\frac{1}{C_\varphi}\int_{-\infty}^{+\infty}\int_{-\infty}^{+\infty}W_f(a,b)\varphi_{a,b}(t)\frac{\mathrm{d}a\,\mathrm{d}b}{a^2}\quad(a\neq0,f(t)\in L^2(R)) \tag{2.21}$$

式中，$\varphi_{a,b}$ 为连续小波基函数。

可见，小波变换优于傅里叶变换主要表现在以下几个方面：① 小波变换采用的是实函数变换核；② 小波变换在时域和频域同时具有良好的局部化性质，而且由于对高频成分采用逐渐精细的时域或空域采样步长，从而可以聚焦到对象的任意细节；③ 小波具有"变焦"特性，在信号的短时高频部分，短支撑的小波函数起较大的作用，而在长时低频部分，长支撑的小波将起较大作用。连续小波变换结果包含两个参数：a 和 b，其中，a 为尺度因子，b 为平移因子。a 的大小决定了小波函数的支撑长度，实际上往往用短支撑的小波析取信号的短时高频成分，而用长支撑的小波析取信号的长时低频成分。小波函数的尺度类似于傅里叶变换中的频率参数，在变换结果中，尺度越大说明频率越低，尺度越小则频率越高。参数 b 是小波窗的时间定位参数，它确定了在小波变换中，小波窗在时间轴上的位置，它使得变换结果中具有一定的时间信息。

所以，小波变换应用领域十分广泛，例如为了检测出梁中的裂缝或因刚度降低引起的损伤，对有损伤简支梁的振型曲线进行连续小波变换，当小波系数出现模极大值时就可有效地识别损伤的存在以及裂缝位置和刚度下降段的位置；利用连续小波变换对玉米幼苗样本进行预处理，构建干旱胁迫下玉米全生育期冠层叶绿素密度估测模型并进行精度评价，为玉米群体的长势监测提供理论依据和技术支持。

然而，连续小波变换的尺度和位移参数都是连续变化的，这给连续小波变换的实际应用带来两个显著的缺陷。首先，由于连续性的要求，在连续小波变换的数值实现时，必须对尺度和平移参数采用非常小的离散化区间，这就给连续小波变换带来非常大的运算量，从而影响其实际应用。其次，对尺度和平移参数采用极小的量化区间，使得连续小波变换的表示具有很大的冗余度，这种冗余表示增加了数据量，不利于诸如数据压缩的实现。

2. 离散小波变换(Discrete Wavelet Transform，DWT)

因连续小波变换中的伸缩因子和平移因子都是连续变化的实数，而在实际问题的数值计算中常常采用离散形式，在处理数字信号时很不方便。因此，1976 年，Croiser、Esteban 和 Galand 设计了一种分解离散时间信号的算法——离散小波变换。

离散小波变换通过离散化连续小波变换中的尺度参数 a 和时间参数 b 得到,通常取 $a = a_0^m$, $b = nb_0a_0^m$, $m,n \in \mathbf{Z}$。可以得到

$$W_f(a,b) = | a |^{-m/2} \int_{-\infty}^{+\infty} f(t)\psi(a_0^{-m}t - nb_0)\mathrm{d}t \qquad (2.22)$$

式(2.22)即为离散小波变换的表达式。

为了使小波变换的算法更加高效,通常构造的小波函数都具有正交性。从理论上可以证明,将连续小波变换离散成离散小波变换,信号的基本信息不仅不会丢失,而且由于小波基函数的正交性,小波空间中两点之间因冗余度造成的关联得以消除;同时,正交性使得计算的误差更小,变换结果的时频函数更能反映信号本身的性质。

在应用方面,例如:原信号通过两个互补滤波器产生两个信号,并通过计算 DWT 系数就可得到原始信号的近似细节即实现信号的分解,其逆过程就是重构;通过离散小波变换提取主轴功率信号的近似系数,将所提取的近似系数、主轴转速、铣削深度作为输入向量,刀具磨损作为输出向量,建立样本数据集,并将样本数据集输入 BP 神经网络中进行木工刀具磨损状态监测模型训练,可实现对不同铣削条件下的木工刀具磨损状态的精确监测。

图 2.2 所示为离散小波变换得到的时频域信号的时频窗,每一个小方块表示一个时频窗,沿时间方向的边长表示时间分辨率,沿频率方向的边长表示频率分辨率。

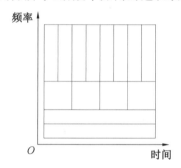

图2.2　离散小波变换得到的时频域信号的时频窗

离散小波变换在不同时间和频率上具有不同尺寸的时频窗,可以在低频区域实现较高的频率分辨率,然而其仍然受到海森堡(Heisenberg)不确定性原理的限制,即时间分辨率和频率分辨率不能兼顾。同时,小波变换的时频窗并非完全是自适应的,它还需要人为地选择基函数。

小波变换在地震方面的相关应用:针对现有的爆破地震危害判据的不足,利用小波变换将爆破地震信号在时域、频域上展开,根据不同频带的地震波对结构的危害程度取加权系数,合成后的能量值可作为爆破地震危害程度的判据;将信号进行小波分解,即求函数与各小波基函数之间的相关系数,之后给定阈值可对地震数据进行强制消噪。

2.1.3　希尔伯特－黄变换

由于小波变换以及傅里叶变换受到海森堡不确定性原理的限制且不能完全自适应,接下来介绍一种不受海森堡不确定性原理限制,同时还有更好的自适应性的时频分析方法。

1998年,美国国家航空航天局的黄愕先生提出一种新的数据处理方法,即希尔伯特－黄变换(Hilbert－Huang Transform,HHT)。

希尔伯特－黄变换是处理非平稳信号的一种全新的分析方法,它是首先对一个非平稳信号进行经验模态分解(Empirical Mode Decomposition,EMD),得到不同尺度的波动信号,即本征模态函数(Intrinsic Mode Function,IMF)。对每一个本征模态函数做黄变换,就可以写出每一个本征模态函数的解析形式,将其展开可以得到希尔伯特谱,从而通过希尔伯特变换提取瞬时频率、瞬时振幅、瞬时相位等属性,而且EMD将信号分解成许多窄带信号,根据信号与噪声频率特点,进一步剔除低频和高频噪声,由此可得到信噪比较高的地震记录。

希尔伯特－黄变换分两个步骤,第一步是数据"筛选",将信号分解成本征模态函数,第二步对这些本征模态函数进行希尔伯特变换。下面先介绍希尔伯特变换的具体理论。

(1) 希尔伯特变换。

频谱的实部与虚部的关系,称为希尔伯特变换关系。设实连续信号 $x(t)$ 的频谱为 $x(f)$,则 $x(f)$ 满足关系式 $x(-f)=x(f)$,所以实信号 $x(t)$ 可表示为一个复函数的实部形式:

$$x(t)=\mathrm{Re}\left\{2\int_0^{+\infty}X(f)\mathrm{e}^{\mathrm{j}2\pi ft}\mathrm{d}f\right\} \tag{2.23}$$

式中,Re 为复数的实部。

令 $q(t)=2\int_0^{+\infty}X(f)\mathrm{e}^{\mathrm{j}2\pi f}\mathrm{d}f$,则 $q(t)$ 就是 $x(t)$ 的复信号。对 $q(t)$ 进行傅里叶变换,就可以得到复信号的频谱:

$$Q(f)=\begin{cases}2X(f) & (f>0)\\0 & (f<0)\end{cases} \tag{2.24}$$

$Q(f)$ 可以由 $X(f)$ 滤波得到,滤波器为

$$H_1(f)=\begin{cases}2 & (f>0)\\0 & (f<0)\end{cases} \tag{2.25}$$

将式(2.25)变换到时间域可得到时间域的滤波函数为

$$h_1(t)=\delta(t)-\frac{1}{\mathrm{j}\pi t} \tag{2.26}$$

$x(t)$ 的希尔伯特变换表示为

$$\bar{x}=\frac{1}{\pi t}x(t)=\frac{1}{\pi}\int_{-\infty}^{+\infty}\frac{x(\tau)}{t-\tau}\mathrm{d}\tau \tag{2.27}$$

于是瞬时振幅 $a(t)$、瞬时相位 $\theta(t)$、瞬时频率 $f(t)$ 可以用式(2.28)～(2.30)表示:

$$a(t)=|q(t)|=\sqrt{x^2(t)+\bar{x}^2(t)} \tag{2.28}$$

$$\theta(t)=\arctan\left(\frac{\bar{x}(t)}{x(t)}\right) \tag{2.29}$$

$$f(t)=\frac{\mathrm{d}\theta(t)}{\mathrm{d}t}=\frac{\mathrm{d}}{\mathrm{d}t}\arctan\left(\frac{\bar{x}(t)}{x(t)}\right) \tag{2.30}$$

通过瞬时频率的定义可以发现,瞬时频率仅仅是针对窄带信号来定义的。通过下面介

绍的方法,可以得到一类适合运用希尔伯特变换求瞬时频率的信号,这种信号是局部对称的,称为本征模态函数。

(2)EMD 分解。

经验模态分解法是希尔伯特－黄变换的核心环节。EMD 具体实现方法如下:

① 对任意分析信号 $x(t)$,将其所有极大值点和所有极小值点找出。

② 对极大值点和极小值点分别用三次样条曲线拟合,分别得到上、下包络线并求出均值 $m(t)$。

③ 令 $h(t)=x(t)-m(t)$,则 $h(t)$ 为一个近似 IMF。

④ 将 $h(t)$ 视为新的 $x(t)$,重复以上操作,当 $h(t)$ 满足 IMF 的条件时,就得到 $x(t)$ 的第一个 IMF,记为 $c_1(t)$,再令 $r(t)=x(t)-c_1(t)$,将 $r(t)$ 视为新的 $x(t)$,重复上述步骤,依次得到第二个 IMF,记为 $c_2(t)$,得到第三个 IMF,记为 $c_3(t)$…… 最终得到分解式:

$$x(t)=\sum_{k=1}^{n}c_k(t)+r(t) \tag{2.31}$$

式中,$r(t)$ 为残余函数,代表信号的平均趋势。

按照上面的方法,得到信号的 IMF 分量,这些分量完全符合希尔伯特变换对信号的要求,因此可以对各个分量做希尔伯特变换,得到 $x(t)$ 的解析表达式,其中忽略了残余项 $r_n(t)$:

$$x(t)=\mathrm{Re}\sum_{i=1}^{n}a_i(t)\mathrm{e}^{\mathrm{j}\int\omega_i(t)\mathrm{d}t} \tag{2.32}$$

展开式(2.32)将得到表示时间、瞬时频率、瞬时振幅的三维时频谱图 $H(\omega,t)$,即希尔伯特时频谱:

$$H(\omega,t)=\mathrm{Re}\sum_{i=1}^{n}b_ia_i\mathrm{e}^{\mathrm{j}\int\omega_i(t)\mathrm{d}t} \tag{2.33}$$

式中,b_i 为开关因子,当 $\omega=\omega_i$ 时,$b_i=1$,否则 $b_i=0$。进一步可定义边际谱:

$$h(\omega)=\int_{-\infty}^{+\infty}H(\omega,t)\mathrm{d}t \tag{2.34}$$

其中,希尔伯特时频谱定量地描述了时间和频率的关系,而边际谱则描述了信号中不同能量的频率分布情况。

与 FT 和 WT 相比,HHT 具有如下优点:①HHT 能分析非线性非平稳信号。②HHT 具有完全自适应性。③HHT 不受海森堡测不准原理制约 —— 适合突变信号。

在典型的 HHT 应用方面,例如:HHT 可对地震工程中最常用的一条地震记录 ——El Centro 地震波的南北向分量进行分析,El Centro 波经 EMD 分解形成 8 个 IMF 分量和一个残量,EMD 将地震波中的高频分量分离出来,然后所分解 IMF 分量的频率依次降低,更为有效地反映信号的内部特征,避免了信号能量的扩散与泄漏;借助于希尔伯特变换对电机的故障信号进行解调处理,就能方便地获得故障特征信息,以确定电机所发生的故障。

当然 HHT 并不是完美的,强背景噪声及非平稳性等特性会导致传统 HHT 在爆破地震波信号处理中存在不足,如模态混淆、端点效应及若干瞬时频率缺乏实际意义。

2.2 基于谐波法的地震动拟合方法

2.2.1 工程地震波拟合思路

在工程抗震领域中,人工模拟地震波是抗震性能试验和计算分析中常用的一种输入荷载。本节要介绍的生成人工地震波的方法是一种应用最为普遍的经典方法,该方法的拟合思路是,首先按照所采用的抗震设计标准或规范,根据地震烈度、场地类别等设计参数确定设计反应谱,即目标反应谱。通过目标反应谱可近似地计算出人工地震波的功率谱,再由功率谱得到的傅里叶幅值谱加上随机相位谱进行傅里叶逆变换,并加上强度包络线,便可得到近似人工地震波;接下来计算近似人工地震波的反应谱,并用目标反应谱与计算反应谱的比值修改傅里叶幅值谱,重新生成人工地震波,不断进行循环迭代,直至反应谱在控制频率点处的误差处于允差的范围内。下面将根据本节工程地震波拟合思路介绍基于 FFT 生成地震波的拟合步骤:

(1)确定目标加速度反应谱。

(2)计算目标功率谱。

根据 Kaul(1978)提出的反应谱与功率转化的关系,由目标加速度反应谱 $S_a^T(\xi,\omega)$ 计算得到目标功率谱 $S(\omega)$,其形式为

$$S(\omega) = \frac{\xi}{\pi\omega}\left[S_a^T(\xi,\omega)\right]^2 \frac{1}{-\ln\left[-\dfrac{\pi}{\omega T}\ln(1-\gamma)\right]} \tag{2.35}$$

式中,$S_a^T(\xi,\omega)$ 为目标加速度反应谱;$S(\omega)$ 为目标功率谱;ξ 为阻尼比;ω 为结构自振频率;T 为结构自振周期;γ 为超越概率。

(3)计算傅里叶幅值谱。

功率谱和傅里叶幅值谱的数学关系为

$$A(\omega) = \left[\Delta\omega \cdot S(\omega)\right]^{\frac{1}{2}} \tag{2.36}$$

(4)计算相位谱。

随机生成一组长度与上述傅里叶幅值谱相同的 0 到 2π 的随机数作为相位谱(下面将其称为随机相位谱)。

(5)由 IFFT 得到平稳加速度时程。

采用式(2.37)所示的三角级数模型来模拟地震波 X_a。

$$X_a = g(t) \cdot x_a(t) \tag{2.37}$$

$$x_a(t) = \sum_{k=1}^{N} A(\omega_k)\sin(\omega_k t + \varphi_k) \tag{2.38}$$

式中,φ_k 为相位角;ω_k 为圆频率;$A(\omega_k)$ 为幅值谱;N 为目标反应谱频域中频率的分隔点数;$g(t)$ 为包络函数;$x_a(t)$ 为平稳高斯过程;X_a 为地震波。

（6）乘以包络函数生成非平稳加速度时程。

为了将平稳加速度时程转化成非平稳加速度时程，通过乘以强度包络函数对生成的平稳加速度时程进行非均匀调制。

（7）与目标加速度反应谱拟合迭代，得到加速度时程。

为了让非平稳加速度时程的反应谱匹配目标加速度反应谱，需要对非平稳加速度时程进行迭代计算，使生成的非平稳加速度时程的反应谱逼近目标谱。具体的迭代计算步骤如下：

① 计算出目标加速度反应谱与非平稳加速度时程的反应谱的比值。

② 对非平稳加速度时程做快速傅里叶变换，计算得到相位谱和傅里叶幅值谱，将 ① 中计算出的比值乘以傅里叶幅值谱。

③ 将调整后的傅里叶幅值谱与相位谱结合，通过快速傅里叶逆变换计算得到平稳加速度时程。

④ 乘以强度包络函数计算得到非平稳加速度时程。

⑤ 计算非平稳加速度时程的反应谱与目标加速度反应谱之间的平均相对误差 E_m，并判断其是否小于 5%，若小于 5%，则停止迭代计算，否则回到 ①。

根据本节的拟合思路，工程地震波的拟合程序如图 2.3 所示。

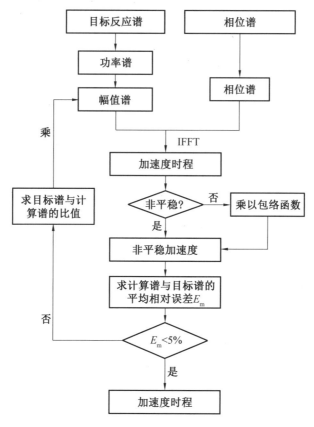

图2.3　基于 FFT 法的地震波拟合流程图

2.2.2 人工地震波的拟合算例 1

根据 2.2.1 节的拟合方法,本算例以某具体的场地条件和地震波参数为例,来说明目前常用的近断层脉冲型地震波拟合思路的实现及拟合结果。

拟合目标:工程场地类别为 Ⅱ 类场地;地震分组为第三组($T_g = 0.45$ s);抗震设防烈度为 7 度;矩震级为 6.5 级;结构阻尼比为 0.05;50 年超越概率为 10% (重现期 475 年)对应的设计基本地震波峰值加速度为 $0.15g$;A 类公路桥梁 E1 地震作用的近断层脉冲型地震波。

本例目标加速度反应谱根据《公路工程抗震规范》(JTG B02—2013)(下面简称《公抗规》)中的 5.2.1 条确定,其形式为

$$S(T) = \begin{cases} S_{max}(5.5T + 0.45) & (T < 0.1 \text{ s}) \\ S_{max} & (0.1 \text{ s} \leqslant T \leqslant T_g) \\ S_{max}(T_g/T) & (T > T_g) \end{cases} \quad (2.39)$$

式中,T_g 为场地特征周期;T 为结构自振周期;$S(T)$ 为目标反应谱;S_{max} 为水平设计加速度反应谱最大值。

采用 Jennigs 提出的强度包络函数,其数学表达式为

$$g(t) = \begin{cases} (t/T_1)^2 & (0 \leqslant t < T_1) \\ 1 & (T_1 \leqslant t < T_2) \\ \exp[-c(t - T_2)] & (T_2 \leqslant t \leqslant T) \end{cases} \quad (2.40)$$

式中,T_1 为平稳段的起始时刻;T_2 为平稳段的结束时刻;c 为衰减阶段的变化速率。

拟合结果:本节根据 2.2.1 节的拟合方法及拟合目标,得到生成的人工地震波反应谱曲线如图 2.4 所示,人工地震波的加速度时程如图 2.5 所示。

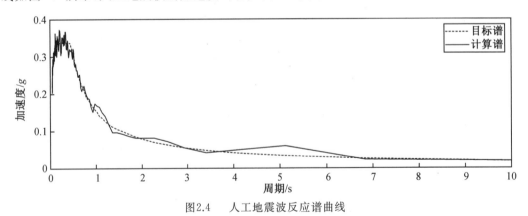

图2.4　人工地震波反应谱曲线

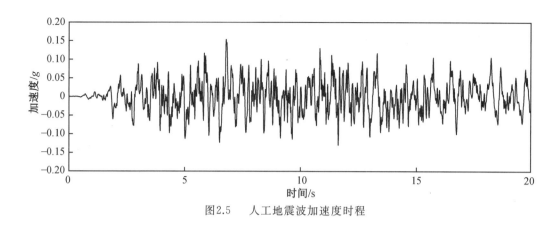

图2.5　人工地震波加速度时程

2.3　时域非平稳地震动拟合方法

2.3.1　相位差与时域非平稳特性

由第 1 章可知,地震波加速度时程具有非平稳性。然而,由传统拟合地震波的方法得到的地震波在时域和频域上都是平稳的,因此需要乘以包络函数来进行非均匀调制得到非平稳时程,该方法产生的时程是强度非平稳的,但频率仍然是平稳的,这与实际地震记录相差较大。为了找到非平稳特性与地震波频域参数之间的关系,将对地震波时程的相位差谱与其非平稳性间的关系做进一步分析。弄清相位差谱对地震波非平稳性作用的机制,对于合成用于重大工程地震反应分析并符合真实地震波强度和频率非平稳特征的设计地震波时程具有重要意义。

许多研究人员在对世界各地测得的地震波的幅值谱和相位谱进行分析研究中,给出了傅里叶幅值谱与震级、场地土等参数间的统计公式,而对相位谱的分析未发现它与震级、震中距、场地条件等参数间有直接的关系,仅仅知道相位谱是在$[0,2\pi]$上均匀分布的独立随机数。例如在幅值谱相同、相位谱分布律相同的条件下,合成的地震波时程的时频非平稳性可能会有巨大的差异,这说明对于相位谱而言,除了分布律以外还有更具决定性的物理量。

早在 1979 年,日本学者大崎顺彦就注意到相位谱分布律并不能完全确定地震波的非平稳特性,并且引入了相位差的概念来解释这一现象,用相位差谱来表示相位角之间的相关关系,它与地震波时程的非平稳性具有密切相关关系,是除分布律以外对非平稳性更具决定性的物理量。相位差是指频率轴上两个相邻相位角的差,即

$$\Delta\varphi(\omega_k) = \begin{cases} \varphi_k - \varphi_{k-1} & (0 \leqslant \varphi_k - \varphi_{k-1} < 2\pi) \\ \varphi_k - \varphi_{k-1} + 2\pi & (-2\pi \leqslant \varphi_k - \varphi_{k-1} < 0) \end{cases} \quad (k = 1, 2, \cdots, N/2 - 1)$$

(2.41)

式中,N 为加速度时程的傅里叶变换阶数;φ_k、φ_{k-1} 为两个相邻的相位角,$\varphi_k - \varphi_{k-1} \in [0, 2\pi]$。

显然由上式确定的相位差 $\Delta\varphi(\omega_k) \in [0, 2\pi]$。

大崎顺彦的研究表明,地震波时程的波形和相位差谱的频数分布形状极其相似。我国的地震工程研究者赵凤新进一步揭示了相位差谱是如何影响地震波时程外包线形状的,其研究结论是:① 当相位差谱的统计特性独立于频率时,地震波时程是频率平稳的,其强度非平稳性主要是由相位差谱控制。相位差谱的均值决定了由幅值谱描述的地震波能量在时域上的集中部位,相位差谱的方差则决定了能量在时域上的集中程度。如果保持相位差谱不变,改变幅值谱将不影响强度函数的形状。② 当相位差谱的统计特性依赖于频率时,则地震波时程是时频非平稳的。综上所述,与用随机数表示的相位谱相比,由相位差计算得到的相位谱能够反映出实际地震波的频率相邻的相位角特性。

迄今为止,很多学者对相位差谱的统计规律做了研究。金星等揭示了相位差谱这个综合物理量的内涵,从理论上证明了地震波强度包络函数与相位差谱的频数分布函数成正比例关系。朱昱等对大量的实测地震波加速度记录做统计分析,其分析结果表明地震波加速度时程的相位差分布服从对数正态分布。他根据这个研究结论进一步深入研究了基岩场地上加速度记录的相位谱分布的统计规律,即均值 μ、标准差 σ 与震级 M、震中距 R 的统计关系。

国内外许多研究者根据回归得到的经验关系式,得到地震波的相位差谱,再由相位差谱得到相位谱后与幅值谱一起通过傅里叶变换来生成地震波时程。其中,较为典型的相位差谱模型有赵凤新的相位差谱经验模型与 Thrainsson 的相位差统计模型。

(1)赵凤新的相位差谱经验模型。

赵凤新等基于美国西部 83 条基岩强震加速度记录进行了分析,建立了相位差谱经验模型,并对模型的参数进行统计回归,得到地震波相位差谱的经验关系:

$$\lg y = d_1 + d_2 + d_3 \lg(D + R_0) \tag{2.42}$$

式中,y 为正态分布特征参数的均值 μ 或者方差 σ;d_1、d_2、d_3 为回归系数;D 为震中距;R_0 为震源深度。

谭俊林等根据赵凤新提出的经验关系,采用 66 条基岩强震加速度记录进行重新回归,得到正态分布均值的回归关系为

$$\lg \mu = 0.257\,9 - 0.000\,5M - 0.003\,6\lg(D + 8.838\,7) + 0.004\,4 \tag{2.43}$$

正态分布标准差的回归关系为

$$\lg \sigma = 0.561\,4 - 0.004\,6M - 0.048\,3\lg(D + 8.838\,7) + 0.068\,8 \tag{2.44}$$

(2)Thrainsson 的相位差统计模型。

Thrainsson 和 Kremidjian 对美国加利福尼亚州九次地震大约 300 条加速度记录的相位差谱进行了统计分析,给出了相位差谱的概率密度函数及其均值、方差的统计公式。将幅值分为大、中、小三组,具体来讲就是将地震波时程进行傅里叶变换后在非负频率范围内得到 N 个幅值和相位,将频率、幅值、相位差三列数据按照幅值递减排序,前 10% 的幅值和相位差作为大组数据,后 55% 的幅值和相位差作为小组数据,其余 35% 的幅值和相位差作为中组数据,然后分别对三组幅值所对应的相位差谱进行统计分析,结果表明大组、中组的相位差谱服从 Beta 分布,将相位差谱变换至 $[0,2\pi]$,然后归一化,大组、中组的相位差谱的概率密度函数为

$$f(x) = \begin{cases} \dfrac{x^{p-1}(1-x)^{q-1}}{\beta(p,q)} & (0 \leqslant x \leqslant 1) \\ 0 & (\text{其他}) \end{cases} \tag{2.45}$$

式中,$\beta(p,q)$ 为 Beta 函数,可由下式确定:

$$\beta(p,q) = \frac{\Gamma(p)\Gamma(q)}{\Gamma(p+q)} \int_0^1 t^{p-1}(1-t)^{q-1} \mathrm{d}t \tag{2.46}$$

其中,$\Gamma(x) = \int_0^{+\infty} t^{x-1} \mathrm{e}^{-1} \mathrm{d}t$。Beta 分布参数 p、q 均大于 0,它们与 Beta 函数 $\beta(p,q)$ 的均值 μ(μ_L 表示大组均值,μ_I 表示中组均值)、方差 σ^2(σ_L^2 表示大组方差,σ_I^2 表示中组方差)间的关系为

$$\begin{cases} \mu = \dfrac{p}{p+q} \\ \sigma^2 = \dfrac{pq}{(p+q)^2(1+p+q)} \end{cases} \quad \text{或者} \quad \begin{cases} p = \dfrac{\mu(\mu-\mu^2-\sigma^2)}{\sigma^2} \\ q = \left(\dfrac{1}{\mu}-1\right)p \end{cases} \tag{2.47}$$

另外,小组的相位差谱服从 Beta 分布和 $[0,1]$ 均匀分布的组合分布。小组相位差谱归一化之后的概率密度函数可由下式确定:

$$f^s(x) = w + (1-w)\frac{x^{p-1}(1-x)^{q-1}}{\beta(p,q)} \quad (0 \leqslant x \leqslant 1) \tag{2.48}$$

式中,w 为 $[0,1]$ 均匀分布的加权系数。则小组相位差谱的均值 μ_s、方差 σ_s^2 可由下式确定:

$$\begin{cases} \mu_s = \dfrac{w}{2} + (1-w)\dfrac{p}{p+q} \\ \sigma_s^2 = \dfrac{w^2}{12} + (1-w)^2\dfrac{pq}{(p+q)^2(1+p+q)} \end{cases} \tag{2.49}$$

通过统计分析发现,μ_L、μ_I、μ_s、σ_L^2、σ_I^2、σ_s^2、w 这七个参数并非彼此独立,μ_L、σ_s^2 可看作基本参数,而将其他五个参数看作 μ_L、σ_s^2 的导出参数。关于 μ_L、σ_s^2 的回归结果为

$$\mu_L = \frac{c_1 + c_2 D}{q_1 + q_2 M_w} \tag{2.50}$$

$$\ln \sigma_s^2 = \frac{c_1 + c_2 \exp(c_3 D^{c_4})}{q_1 + q_2 M_w} \tag{2.51}$$

式中,D 为震中距;M_w 为矩震级。两式中的回归系数分别见表 2.1 和表 2.2。

表 2.1　μ_L 回归系数

场地类别	c_1	c_2	q_1	q_2
A、B 类	0.60	$-0.002\,3$	-0.67	0.259
C 类	0.55	$-0.002\,1$	0.40	0.094
D 类	0.55	$-0.002\,7$	0.51	0.077

表 2.2 σ_s^2 回归系数

场地类别	c_1	c_2	c_3	c_4	q_1	q_2
A、B 类	-1.46	-0.528	-0.015 0	1.23	0.14	0.054
C 类	-2.10	-0.973	-0.055 5	1.14	0.47	0.002
D 类	-2.04	-0.476	-0.003 9	1.74	0.51	-0.003

导出参数 μ_1、μ_s、σ_L^2、σ_l^2、w 可以表示为

$$\mu_1 = 0.11 + 0.81\mu_L \tag{2.52}$$

$$\mu_s = 0.20 + 0.60\mu_L \tag{2.53}$$

$$\ln\sigma_L^2 = -0.617 + 1.078\ln\sigma_s^2 \tag{2.54}$$

$$\ln\sigma_l^2 = -0.549 + 0.897\ln\sigma_s^2 \tag{2.55}$$

$$w = \begin{cases} 0 & (\sigma_s^2 \leqslant 0.004\ 53) \\ -0.068 + 15.0\sigma_s^2 & (\text{其他}) \end{cases} \tag{2.56}$$

2.3.2 时域非平稳地震波拟合方法

2.3.1 节中提到很多学者对相位差谱的统计规律做了研究。金星等揭示了相位差谱这个综合物理量的内涵,从理论上证明了地震波强度包络函数与相位差谱的频数分布函数成正比例关系。通过 2.2.1 节拟合过程可知,采用随机相位谱拟合生成的加速度时程再用包络函数调整,只能实现时域非平稳。根据 2.3.1 节中提到的赵凤新研究结论,即当相位差谱的统计特性依赖于频率时,则地震波时程是时频非平稳的。与用随机数表示的相位谱相比,由相位差计算得到的相位谱能够反映出实际地震波的频率相邻的相位角特性。因此本节将基于相位差谱模型提出一种时频非平稳地震波的拟合方法。本节生成人工地震波的方法步骤与 2.2.1 节相同,在拟合的过程中将流程图中"随机相位谱"用"相位差谱"进行替换。因此根据本节的拟合思路,工程地震波的拟合方法流程图如图 2.6 所示。

下面以 Thrainsson 相位差谱统计模型为例,具体阐述时频非平稳地震波拟合方法的具体步骤。

1.基本参数的确定

在合成地震波加速度时程之前,应明确震级、震中距、场地类别这三个参数的取值。这三个参数反映了地震的大小、传播效应、场地效应,在关于持时、功率谱、设计反应谱的统计公式中,一般均采用这三个参数表达。震级、震中距是与地震本身有关的参数,但待模拟的震级、震中距是未知的参数。所以可以人为指定或根据结构抗震规范确定结构的抗震设防烈度,然后根据烈度与震级之间的近似关系确定震级大小;根据拟建场地与断裂带的距离近似确定震中距大小;依据场地勘察报告确定场地类别。

由于地震波时程记录是由一系列数字组成的离散时间序列,所以合成一条地震波加速度时程,还需要确定时程的持续时间 T 和时间步长 Δt。通常参照其强震段持续时间乘以一个倍数(2 ~ 3)或者采用地震波平稳时程的持续时间作为合成地震波的持续时间。时间步长是与记录仪器敏感度有关的参数,取自 0.02 s、0.01 s、0.05 s 中的一个值。

持续时间除以时间步长等于时间步数,即描绘地震波时程的离散数字的个数。采用计

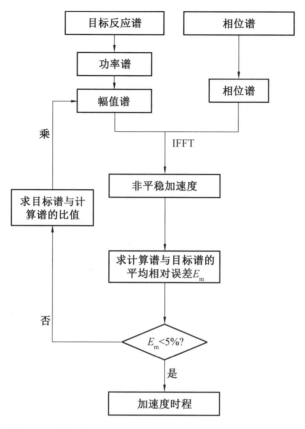

图2.6　时频非平稳地震波拟合方法的地震波拟合流程图

算机生成地震波时程过程中,通常采用快速离散傅里叶变换,时间步数应取 2 的指数函数(傅里叶变换阶数),即 $N=1\,024,2\,048,4\,096,\cdots$。持续时间除以时间步长不一定等于傅里叶变换阶数 N,因此可适当调整持续时间 T,即 $T=N\Delta t$。在频域内,幅值谱和相位谱的采样点等于时间步数 N,采样最高频率为 $f_{\max}=1/(2\Delta t)$,采样频率间隔为 $\Delta f=f_{\max}/N$,最高圆频率为 $\Delta \omega=2\pi\Delta f$。

2.傅里叶幅值谱的确定

　　傅里叶幅值谱可以根据幅值谱与功率谱之间的关系得到,也可以直接根据幅值谱的统计模型确定,如 Thrainsson 等提出的傅里叶幅值谱统计模型。下面主要介绍根据幅值谱与功率谱的关系得到幅值谱,首先选择功率谱模型,如 Kanai－Tajimi 模型、Clough－Penzien 模型、赖明模型等,其参数可按照统计结果确定。根据幅值谱与功率谱之间的关系,可得到幅值谱为

$$A(\omega)=\begin{cases}0 & (\omega=0)\\ \sqrt{S(\omega)\Delta\omega} & (\omega\neq0)\end{cases} \tag{2.57}$$

式中,$S(\omega)$ 为根据统计模型确定的功率谱。

　　根据傅里叶幅值谱的对称性,双侧幅值谱的离散形式可写为

$$A(j\Delta\omega)=\begin{cases} \sqrt{S(j\Delta\omega)\Delta\omega} & (j=1,2,\cdots,N/2-1) \\ 0 & (j=0) \\ \sqrt{S(-j\Delta\omega)\Delta\omega} & (j=-N/2,-N/2+1,\cdots,-1) \end{cases} \quad (2.58)$$

3.根据 Thrainsson 相位差谱统计模型生成相位差谱,并生成相位谱

根据式(2.50)和式(2.51)计算大组相位差的均值和小组相位差的方差,即 μ_L 和 σ_s^2。根据式(2.52)~(2.56),计算大组、中组、小组相位差概率密度函数的其他5个参数,即 μ_1、μ_s、σ_L^2、σ_1^2 和 w。

将大组相位差均值 μ_L、方差 σ_L^2 代入式(2.47)得到大组相位差的概率密度函数的参数 p_1、q_1,生成 n_1 个($n_1=N\times 10\%$)服从 Beta 分布的随机数。然后将这 n_1 个随机数乘以 2π,得到大组相位差。同理中组、小组的概率密度和相位差可按上述过程求得。

将频率、幅值两参数按照幅值递减的顺序,分为大、中、小组得到幅值谱的分组。将生成的大、中、小三组相位差依次与幅值、频率匹配,然后将频率、幅值、相位差三个参数按频率递增的顺序重新排列,假定零频率处的相位角为零,即 $\varphi_0=0$,按照下式计算负频段的相位角:

$$\varphi_j=\varphi_{j+1}+\Delta\varphi_{-j} \quad (j=-1\,024,-1\,023,\cdots,-1) \quad (2.59)$$

正频率段相位角为

$$\varphi_j=-\varphi_{-j} \quad (j=1,2,\cdots,1\,023) \quad (2.60)$$

最后即可得到相位差谱和相位谱的概率密度。

4.傅里叶逆变换和快速傅里叶逆变换

由幅值谱和相位谱可得到离散傅里叶谱,即

$$F(j\Delta\omega)=A(j\Delta\omega)\exp[\mathrm{i}\varphi(j)] \quad (2.61)$$

式中,$j=-N/2,-N/2+1,\cdots,N/2-1$;i 为复数单位,$\mathrm{i}=\sqrt{-1}$。

对傅里叶谱 $F(j\Delta\omega)$ 进行逆变换,得到加速度时程,即

$$a(t_k)=\sum_{j=-N/2}^{N/2-1}F(j\Delta\omega)\exp(\mathrm{i}j\Delta\omega t_k) \quad (2.62)$$

将 $t_k=k\Delta t$,$\Delta\omega=\dfrac{2\pi}{N\Delta t}$ 代入式(2.62),得到

$$a(k\Delta t)=\sum_{j=-N/2}^{N/2-1}F(j\Delta\omega)\exp\left(\mathrm{i}\frac{2\pi kj}{N}\right) \quad (2.63)$$

综上所述,即可得到基于相位差谱的地震波加速度时程,采用这种方法合成的地震波时程不仅具有频域内的非平稳特性,还具有时域内的非平稳特性。

2.3.3 人工地震波的拟合算例2

基于统计的功率谱模型及相位差谱统计模型,合成时频非平稳的地震波时程,过程如图2.7所示。下面以算例2来阐明本方法的合成思路。

合成条件:某工程场地土为Ⅳ类,震中距为50 km,需要合成8度设防烈度(取矩震级为6.5)的地震波时程。

合成过程:本书采用杜修力和陈厚群功率谱模型、Thrainsson 相位差统计模型,应用快

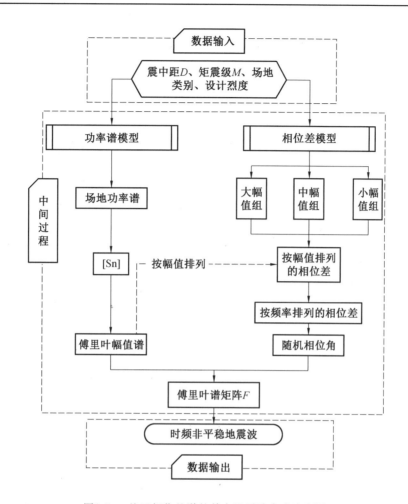

图2.7　基于相位差谱的单点地震波合成流程图

速傅里叶变换合成时频非平稳单点地震波时程曲线。

根据 Thrainsson 相位差谱的统计规律可以得到大幅值组、中幅值组及小幅值组在归一化后的相位差分布情况,如图 2.8 ~ 2.10 所示。其中,图 2.8(a)、图 2.9(a)、图 2.10(a)为各幅值组相位差分布的频率图;图 2.8(b)、图 2.9(b)、图 2.10(b) 示出了各幅值组相位差的分布情况。

把上面得到的各幅值组的相位差按照频率大小进行重新排列,得到相位差随频率的分布频数图及相位差随幅值的频域分布图,如图 2.11 所示。当取初相位角 $\varphi(0)=0$ 时,可进一步计算得到相位谱,图 2.12 即示出基于相位差谱得到的相位角随频率的分布图及频数图。由图2.12(b)可知,相位角在 $[0,2\pi]$ 上亦能满足均匀分布,此时相位角分布与其他学者对相位角的统计规律相吻合。

基于杜修力和陈厚群功率谱模型,计算得到傅里叶幅值谱,结合相位差谱模型得到的相位谱,应用傅里叶逆变换即可得到地震波加速度时程曲线,如图 2.13(a) 所示,可以看出基于相位差谱合成的地震波时程具有时域非平稳性,在合成过程中不需要乘以强度包络函数。图 2.13(b) 所示为拟合的加速度时程的功率谱与目标功率谱的比较图,可以看出,拟合

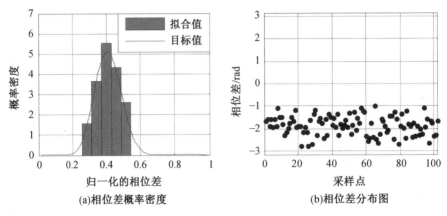

(a)相位差概率密度　　　　　　　(b)相位差分布图

图2.8　　大幅值组相位差分布图

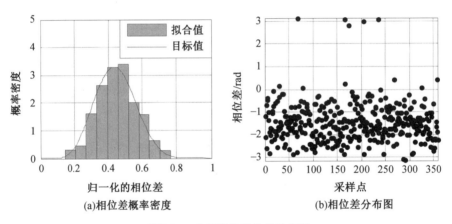

(a)相位差概率密度　　　　　　　(b)相位差分布图

图2.9　　中幅值组相位差分布图

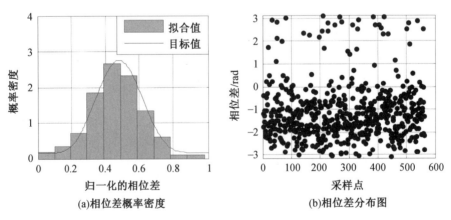

(a)相位差概率密度　　　　　　　(b)相位差分布图

图2.10　　小幅值组相位差分布图

的加速度时程功率谱与目标功率谱具有较好的吻合度。

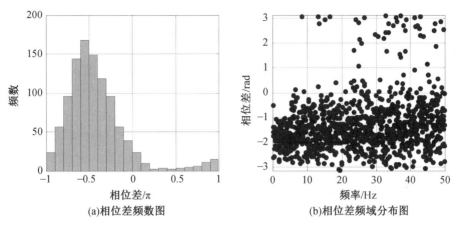

图2.11　相位差分布图(按频率排列)

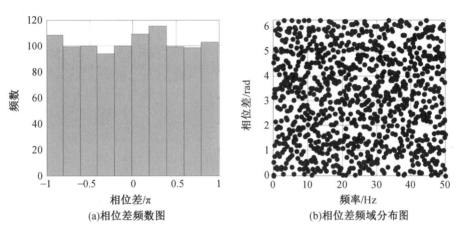

图2.12　相位角分布图(初相位角为 0 时)

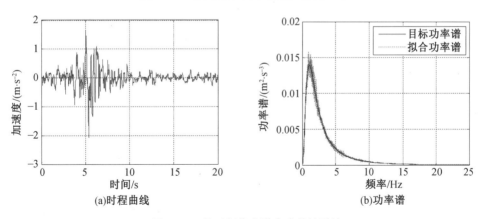

图2.13　基于相位差谱合成的地震波

2.4 其他地震动拟合方法

2.4.1 小波分解与时频非平稳特性

地震波是明显的非平稳随机过程,不但具有强度非平稳特性,还具有频率非平稳特性,而基于傅里叶分析的方法无法表征时频局域性质。小波变换方法是一种窗口大小(即窗口面积)固定,但其形状、时间窗和频率窗都可以改变的时频局部分析方法。即在低频部分具有较高的频率分辨率和较低的时间分辨率,在高频部分具有较高的时间分辨率和较低的频率分辨率,所以被誉为数学显微镜。正是这种特性,使小波变换具有对信号的自适性。理论上来说,只要选择了合适的小波函数,小波变换就可以对任何信号做局部特性分析,同样适合于处理地震波加速度过程。应用小波变换方法可在任意时段上对地震波加速度过程的频率成分和振幅进行调整,以反映地震波过程的频谱组成随时间的变化,即对频谱和振幅进行精细描述,其弥补了对于具有很强非平稳特性的地震波加速度过程,傅里叶分析无法得出时域和频域中地震波加速度过程的全貌和局部化结果,无法依据地震观测记录建立地震波加速度过程的解析表达式的缺陷。

小波变换作为信号时频分析方法具有多分辨率分析的特点,在时频两域都具有表征信号局部特征的能力,成为研究非平稳信号的工具,通过小波变换可以将一个时域信号进行多分辨率分解。1988 年,Mallat 在构造正交小波基时提出多分辨分析(Multi-Resolution Analysis)的概念,给出了离散正交二进小波变换的金字塔算法,即任何函数 $f(t) \in L^2(R)$ 都可以根据分辨率为 2^{-N} 下 f 的低频部分("近似部分")和分辨率为 $2^{-j}(1 \leqslant j \leqslant N)$ 下 f 的高频部分("细节部分")完全重构。多分辨分析只是对低频部分进一步分解,而高频部分则不予考虑。分解具有关系:$f(t) = A_n + D_n + D_{n-1} + \cdots + D_2 + D_1$,其中,$f(t)$ 代表信号,A 代表低频近似部分(Approximations),D 代表高频细节部分(Details),n 代表分解层数,其分析树形结构如图 2.14 所示。多分辨分析可以对信号进行有效的时频分解,但由于其尺度是按二进制变化的,所以在高频频段其频率分辨率较差,而在低频频段其时间分辨率较差。

范留明等在总结小波变换基本原理和方法后,首次利用小波变换分别对地震波加速度时程和速度时程进行了分解和重构。重构的结果显示,除了在局部存在微小的计算误差外,重构得到的信号与原来的信号吻合程度很好,验证了小波变换算法的正确性,并对其小波分析的工程意义进行了初步探索,提出了利用小波变换模拟地震波的思路:首先利用小波变换将目标地震波时程进行小波分解,然后根据场地实际地质情况和地震反应特点,对分解后各个时频带信号的幅值大小和相位关系进行重新调整,最后将调整结果进行小波重构,即可达到对目标地震波时程拟合的目的。

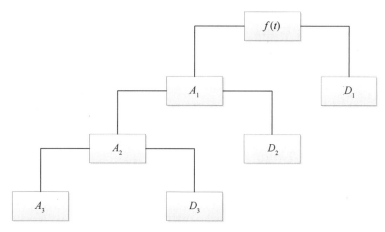

图2.14　多分辨分析树形结构

2.4.2　基于小波理论的拟合思路

根据 2.1.2 节介绍的小波变换理论可知,小波变换是一种对时变信号进行时一频二维分析的方法。它与短时傅里叶变换相比,最大的区别就是其分析精度是可变的,是一种加时变窗进行分析的方法。在时一频相平面上其时频窗的面积是不变的,但是窗口的长度和宽度是可以变化的。它在相平面的高频段具有高的时间分辨率和低的频率分辨率,而在低频段具有低的时间分辨率和高的频率分辨率,这与傅里叶变换中的时一频分辨率恒定的特点相比是一个巨大的改进。通过伸缩和平移小波基函数,可以实现对信号的多尺度分析,通常说的小波变换指的是连续小波变换。

本节介绍采用连续小波变换的方法调整非脉冲地震波,使其反应谱统计特性符合目标谱的统计特性。根据 Luis E.Suárez 基于小波变换拟合目标反应谱生成地震波加速度时程提出的方法,将非脉冲地震波进行反应拟合,具体步骤如下:

(1) 根据式(2.64)确定尺度向量 s_j,再根据式(2.65)确定反应谱的周期向量,由拟建场地信息确定出离散化的目标反应谱。

$$s_j = 2^{j/8} \quad (j = -(n_0 - 1), -(n_0 - 2), \cdots, -(n_0 - n)) \tag{2.64}$$

式中,n_0 为控制 s 范围的参数;n 为 s 的点数。

因此,每个尺度 s_j 对应的圆频率和周期为

$$\omega_j = \frac{\Omega}{s_j}; \quad T_j = \frac{2\pi}{\Omega} s_j \tag{2.65}$$

(2) 求出原始地震波的反应谱(计算谱),并根据式(2.66)求出调整系数 γ:

$$\gamma_j = \frac{[S_a(T_j)]_{目标谱}}{[S_a(T_j)]_{计算谱}} \tag{2.66}$$

(3) 根据式(2.67)求出目标谱和计算谱的平均相对误差 Error:

$$\text{Error} = \sqrt{\frac{1}{n} \sum_{j=1}^{n} \left(\frac{[S_a(T_j)]_{目标谱} - [S_a(T_j)]_{计算谱}}{[S_a(T_j)]_{目标谱}} \right)^2} \tag{2.67}$$

(4) 按照式(2.68)将初始地震波分解,求得小波系数 $C(s, p)$:

$$C(s_j, p_i) \simeq \frac{\Delta t}{\sqrt{s_j}} \sum_{k=1}^{N} f(t_k) \psi\left(\frac{t_k - p_i}{s_j}\right) \quad (j = 1, \cdots, n; i = 1, \cdots, N) \tag{2.68}$$

式中,$C(s_j, p_i)$ 为连续小波变换的小波系数;Δt 为地震波加速度时程的时间间隔;$f(t)$ 为地震波;s 和 p 分别为尺度和时间参数,s 根据式(2.64)确定;n 和 N 分别为尺度数和地震波的数据点数;$\psi(t) = e^{-\zeta\Omega|t|} \sin \Omega t$。

(5) 按照式(2.69)求得小波变换中的细节函数 $D(s, t)$:

$$D(s_j, t_k) \simeq \frac{\Delta p}{s_j^{5/2}} \sum_{i=1}^{N} C(s_j, p_i) \psi\left(\frac{t_k - p_i}{s_j}\right) \quad (j = 1, \cdots, n; k = 1, \cdots, N) \tag{2.69}$$

(6) 按照式(2.70)求得地震波加速度时程:

$$X_g(t) = \int_{s=0}^{\infty} \int_{p=-\infty}^{\infty} \frac{1}{s^2} C(s, p) \psi_{s,p}(t) \, \mathrm{d}p \, \mathrm{d}s = \int_0^{\infty} D(s, t) \, \mathrm{d}s \tag{2.70}$$

(7) 再重复步骤(2)~(6),直到 Error 满足给定的值,这样就得到与目标谱相匹配的地震波时程。

上述步骤的流程图如图 2.15 所示。

2.4.3 人工地震波的拟合算例 3

根据 2.4.2 节的拟合方法,本算例以某具体的场地条件和地震波参数为例,来说明目前基于小波理论的近断层地震波基本拟合方法的实现及拟合结果。

拟合目标:

(1) 工程场地类别为 Ⅱ 类场地;地震分组为第三组($T_g = 0.45$ s);抗震设防烈度为 7 度;矩震级为 6.5 级;结构阻尼比为 0.05;50 年超越概率为 10%(重现期 475 年)对应的设计基本地震波峰值加速度为 $0.15g$;A 类公路桥梁 E1 地震作用的近断层脉冲型地震波。

(2) 本算例中,原始地震波采用 El Centro 波,具体信息见表 2.3,其加速度时程如图 2.16 所示。原始地震波的反应谱和目标谱如图 2.17 所示。

(3) 本算例的目标反应谱和拟合地震波反应谱的平均误差目标设为 6%。

表 2.3 原始地震波信息

地震名称	震级	台站	$V_{s30}/(\mathrm{m \cdot s^{-1}})$
El Mayor — Cucapah_Mexico	7.2	El Centro — Meloland Geot.Array	264.57

本算例采用 NIRW 小波基函数开展目标反应谱的地震波调整,ζ 和 Ω 的取值分别确定为 0.08 和 π。本算例中目标反应谱的周期范围为 0 ~ 10 s,范围参数 $n_0 = 51$,点数参数 $n = 70$。此时,s 的下标为 $-50 \sim 19$,目标反应谱所对应离散点的周期值为从 0.026 s 到 10.37 s 离散分布,共计 70 个点。

拟合过程:基于图 2.15 所示的流程图,运用连续小波变换对原始地震波开展目标反应谱拟合过程;以目标谱和地震波反应谱的平均相对误差作为判定指标;当平均相对误差小于 6% 时,停止迭代。

本例经过 10 次迭代计算后,平均相对误差为 5.78%(小于 6%),迭代过程结束。每次迭代调整的地震波反应谱与目标谱的对比如图 2.18 所示。图 2.19 显示的是每次迭代计算的平均相对误差的变化趋势图。

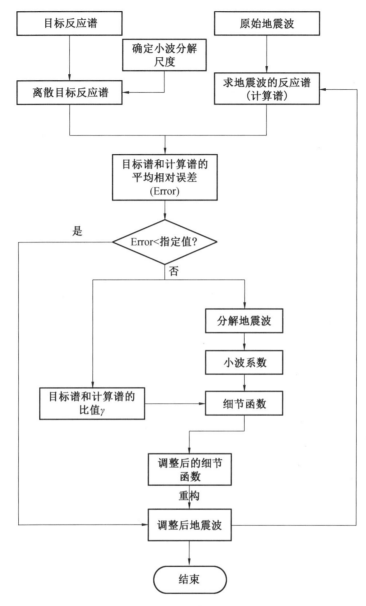

图2.15　小波变换拟合反应谱的流程图

从图 2.19 中可以看出,第一次迭代相对误差接近 90%,经过一次迭代后下降为接近 10%,再经过九次迭代后达到 6% 的目标误差。最终拟合反应谱后得到的调整后地震波的加速度时程如图 2.20 所示。

为了更清楚地看出调整前后地震波加速度时程的差别,将原始地震波和调整后地震波的加速度时程曲线绘制于图 2.21。可以看出,调整后地震波的波形走势与原始地震波的走势是一样的,调整后地震波的数值与原始波相比,整体上变小了。

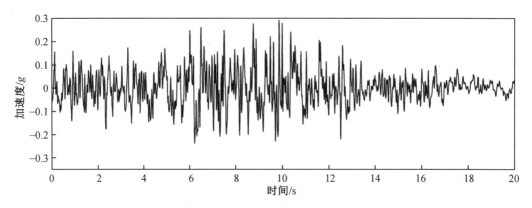

图2.16 原始地震波加速度时程

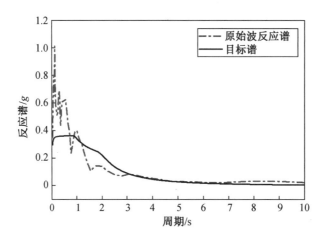

图2.17 阻尼比为0.05的原始地震波反应谱和目标反应谱

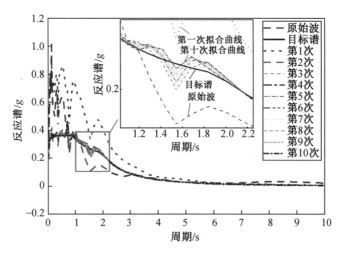

图2.18 每次迭代后原始波的反应谱和目标谱

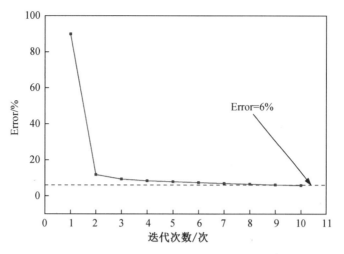

图2.19　　每次迭代计算的平均相对误差变化图

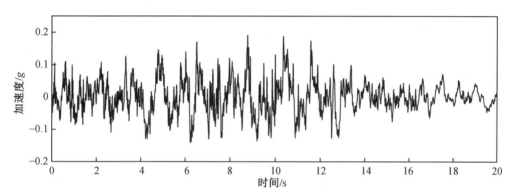

图2.20　　调整后地震波的加速度时程

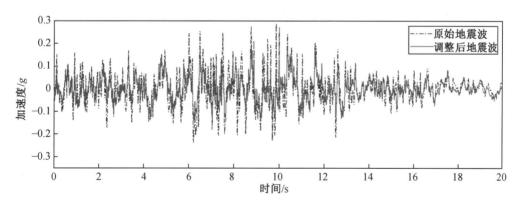

图2.21　　原始地震波和调整后地震波的加速度时程

第3章 空间多点地震动的拟合方法

3.1 空间地震动特性

3.1.1 空间地震波空间分布的必然性

大跨度结构在空间上有较大的尺寸,空间性强,例如桥梁、管线、网壳结构等。在进行地震响应分析时,传统的一致地震波输入方法过于粗糙,因为结构支座各点所受到的地震波激励是经过不同路径、不同地形地质条件而到达的,必然存在差异,这种差异包括行波效应、部分相干效应、波的衰减效应和局部场地效应等。一般来讲,不同两点处地震波之间的空间效应通常以相干函数的形式表达。在影响相干函数的不相干效应、行波效应、局部场地效应和衰减效应中,衰减效应对相干函数的影响最小,一般忽略衰减效应的影响。下面分别介绍学者对于大跨度结构考虑行波效应、部分相干效应和局部场地效应影响的研究成果。

桥梁结构具有支座间距大的特点,对于桥梁结构考虑行波效应的研究在我国已经取得了较大进展。项海帆通过研究天津永和桥,得出了行波效应引起的动力位移相互抵消,对飘浮体系斜拉桥是有利的。胡世德、范立础对大跨度悬索桥(江阴长江公路大桥)的地震反应研究中发现多点激振对悬索桥的地震反应影响较小,可忽略不计。刘春城等对自锚式悬索桥进行了行波效应分析,结果显示随着相位差的增大,轴力略有增加,主梁和主塔结构内力和位移响应减小。卜一之、邵长江考虑了大跨度悬索拱桥的行波激励,发现柔性结构在激励方向上各地震分量相互制约或部分抵消,响应量与一致激励下相差不大,并有局部减小。

另一些研究发现,行波效应对桥梁的影响是不利的。魏琴等发现行波效应对预应力混凝土连续刚构桥(三门峡黄河公路大桥)的动位移及内力增长影响显著。刘洪兵、朱晞采用MSRS多点输入反应谱法,发现地震波空间变化对大跨连续梁桥内力影响很大,其中行波效应最重要。郑史雄等对一预应力连续刚构桥利用自编程序计算发现行波效应对其地震响应影响很大,相位差越大,影响越大。范立础等应用随机振动方法研究了大跨度斜拉桥在空间变化地震波作用下的响应,指出行波效应是影响大跨度斜拉桥地震响应的重要因素,使结构动力响应值增大。李忠献、史志利对一四跨预应力混凝土连续刚构桥进行了行波激励下地震反应的数值模拟,发现考虑行波效应对连续刚构桥的主梁会产生不利影响。

武芳文等以苏通大桥为背景,分析地震波空间相干效应对大跨度斜拉桥地震响应的影响规律。洪浩等研究发现,对于高墩刚构桥梁,仅采用一致激励法(完全相干)进行抗震分析往往会错估其梁、墩的抗震能力,应取考虑完全相干、部分相干和完全不相干时的最不利值作为设计参考。吴健等采用不同的部分相干效应模型计算了拱坝的随机地震响应,计算结果表明地震波的部分相干效应对拱坝的动力响应有显著影响。丁阳等在部分相干效应对大跨度空间结构随机地震响应的影响一文中,详细地研究了部分相干对大跨度斜拉桥的地震响应规律。

国内外震害经验表明,局部场地条件对结构震害有显著影响,对强地震记录进行统计分析,结果表明,由于地形产生的影响,地震的峰值加速度可能会增大 30％～50％。场地类别不仅影响加速度峰值的衰减速率,还影响土层对基岩加速度峰值的放大系数。Hao 研究发现,忽略地震波空间变化效应会低估或高估结构的地震波响应,结构地震响应与输入地震波空间变化有密切关系;Bi 等基于一维波动理论合成了可以考虑不同激励点处不同场地条件的人工地震波,为时域内研究空间变化的场地效应对结构的影响奠定了基础;孙才志等研究发现,局部场地效应对大跨度多塔斜拉桥随机地震响应的影响不可忽略;廖光明等分析了高墩大跨连续刚构桥梁在平稳地震激励下,地震波空间变化对结构内力的均方根响应的影响,发现局部场地效应对结构响应的影响相当大;丰硕等研究发现局部场地效应对连续刚构桥内力及位移响应的影响均较大,会增加或减少该桥的位移和弯矩响应。

3.1.2　地震波空间特性的表征方法

近年来,随着各国对密集台阵的建设逐渐完善,产生了大量真实可靠的地震波记录,为地震波空间相干模型的建立提供了丰富的数据基础。为了能数字化或工程化地表达地震波空间相干特性,学者们提出了不同的地震波空间特性表征模型。目前,相干函数模型分为三类:经验相干模型、半理论半经验相干模型以及纯理论相干模型。其中,纯理论相干模型从地震波的数学物理特性出发,通常较复杂且难以用于实际工程当中。而经验相干模型从实际应用角度出发,公式简单、计算方便,可以考虑震源特性、场地条件、台站间距等多方面因素的影响。经验相干模型一般以密集台阵的地震波记录为依据,通过回归分析的方法得到。由于不同学者所采用的数学模型不同,台阵地质情况不同,具体地震记录也不相同,所以得到的相干函数模型有许多不同形式。下面介绍具有代表性的经验相干模型,各表达式中的 k_1、k_2、k_3、k_4、k_5、b 为常量参数,可通过回归分析确定,v 为地震波视波速。

(1)屈铁军模型。

屈铁军等利用收集的经验相干模型对各次地震的相干值取平均值,提出一个实用模型,其表达式为

$$| \gamma(\omega,d) | = \exp[-a(\omega)d^{b(\omega)}] \tag{3.1}$$

式中,$a(\omega)$ 和 $b(\omega)$ 是随频率变化的参数,可以通过最小二乘法拟合得到,其近似表达为

$$a(\omega)=k_1\omega^2+k_2, \quad b(\omega)=k_3\omega+k_4 \tag{3.2}$$

从参数的选取数量角度来说,上述模型为两参数模型,两个参数分别为间距和频率衰减因子。出于对更高精度的要求,研究者提出了多参数模型,具有代表性的有 Harichandran 模型和 Hao 模型。

(2)Harichandran 模型。

Harichandran 和 Vanmarcke 依据 SMART－1 台阵的第 20 次事件记录,统计分析得到

以下相干模型：

$$\gamma(\omega,d) = k_1 \exp\left[-\frac{2d}{k_2\theta(\omega)}(1-k_1+k_1k_2)\right]$$ (3.3)

式中，$\theta(\omega) = K\left[1+(\omega/\omega_0)^b\right]^{-\frac{1}{2}}$；$d$ 为两点间距；ω 为频率。

值得注意的是，上述提出的经验相干模型中只含有一个空间变量 d，是一维相干函数模型。部分研究者根据台阵记录提出了二维相干函数模型。

（3）Hao 等模型。

Hao 等通过处理 SMART—1 台阵的超过 1 000 条强震记录，提出了二维相干函数模型，如下式所示：

$$\gamma(d_1,d_2,\omega) = \exp[-(k_1d_1+k_2d_2)]\cdot\exp\left\{-\left[a_1(\omega)\sqrt{d_1}+a_2(\omega)\sqrt{d_2}\right]\left(\frac{\omega}{2\pi}\right)^2\right\}$$
(3.4)

式中，$a_1(\omega) = \frac{2\pi a}{\omega}+\frac{b\omega}{2\pi}+c$，$a_2(\omega) = \frac{2\pi d}{\omega}+\frac{e\omega}{2\pi}+f$，$a \sim f$ 为常数，当频率大于 62.83 rad/s 时，$a_1(\omega)$ 与 $a_2(\omega)$ 取为常值；d_1、d_2 分别为两点之间距离在沿波的传播方向和垂直于波的传播方向的几何投影。

但是，基于经验统计回归而得到的经验相干模型有如下缺点：研究者笼统地对密集台阵地震记录分析回归，没有对地震波相干函数的可能影响因素进行区分；相干函数模型都是在密集台阵的强震资料上统计而得的，仅反映了密集台阵场地处的地质条件、地形特征对相干函数的影响，依据一批地震波记录所统计得出的相干函数模型可能对台阵的其他次地震引起的空间相关变化无法描述。但是，经验相干模型的优点也是明显的，即省去了繁杂的次要因素，突出了主要影响因素，便于实际应用。

半理论半经验相干模型从地震波的物理机制入手研究地震波场的相干函数模型，提出了一些相干函数的半理论半经验模型。此类模型可以一定程度避免完全统计回归经验相干模型的缺陷，尽可能反映实际工程的场地特征。目前，国内外学者提出的半理论半经验模型主要如下。

（1）Kiureghian 等模型。

Kiureghian 等从随机理论出发，提出了一个地震波相干函数模型，将地震波空间变化归结为四个方面的影响：行波效应、部分相干效应、局部场地土效应以及衰减效应。由于衰减效应在工程结构尺度内可以忽略，因此总的空间相干函数为前三者的乘积，即

$$\gamma(\omega,d) = \gamma(\omega,d)^{\text{incoherence}}\cdot\gamma(\omega,d)^{\text{wave passage}}\cdot\gamma(\omega,d)^{\text{site response}}$$

$$= \cos[\beta(\omega,d)]\cdot\exp\left[-\frac{1}{2}a^2(\omega,d)\right]\exp\left(-\mathrm{i}\frac{\omega d^L}{v_{\text{app}}}\right)\cdot\exp\left[\mathrm{i}\theta(\omega)^{\text{site response}}\right]$$

(3.5)

式中，α 为相干性系数。

（2）杨庆山等模型。

在 Kiureghian 等研究模型的基础上，杨庆山等认为地震波相干函数的频散性效应对于

所有工程场址均具有相同的统计特性,在此理念上他们提出了基于峰值因子的实用相干函数模型,并根据 187 个从实际地震记录统计得到的相干函数样本确定频散性效应的均值函数和方差函数,表示为

$$
|\gamma(\omega,d)| = |\bar{\gamma}(\omega,d)| \pm \mu\sigma_\gamma(\omega,d)
$$

$$
= \{1 + [a_1 d^{0.25} + a_2(df)^{0.5}]\}^{-1/2} \exp\left[-\frac{1}{2}(a_3 d^{a_4} f^{a_5})^2\right]
$$

$$
\pm \mu[0.2\sin(b_1 f + b_2) + b_3 d + b_4 f + b_5/(3f) + b_6] \tag{3.6}
$$

式中,f,ω 为频率;μ 为峰值因子;$a_1 \sim a_5$ 及 $b_1 \sim b_6$ 均为经过最小二乘法回归得到的系数。

虽然近 40 年来已经有很多相干函数模型被相继提出,但每个模型都在某些方面受到限制,不能很好地反映场地条件、震级、地震方向等因素的影响。不同相干函数模型之间的差异很大,其主要原因是拟合时使用的台阵数据不同,如基于一般场地条件得到的模型参数,在其他场地条件下可能并不适用。另外,地震波水平分量与竖向分量的相干性变化规律可能并不相同,简单地将由水平分量得出的相干函数模型应用在竖直分量上也并不合理。所以,根据实际工程应用条件对相干函数模型参数进行分类拟合是非常有必要的。

3.2　空间多点地震动的拟合思路

3.2.1　空间多点地震波拟合思路

Hao 于 1989 年首先提出空间多点地震波的合成方法:首先合成第一个点的初始地震波时程,然后在生成第 n 个点的地震波时程时,考虑与已生成前 $n-1$ 个点地震波的相关性,最后得到全部 n 个点的地震波时程。屈铁军对其方法进行改进:即在生成第 n 个点的地震波时程时,增加考虑之后还未生成地震波时程对其的影响,依此思路,第 i 个点的地震波合成公式为

$$
u_j(t) = \sum_{m=1}^{n} \sum_{k=0}^{N-1} A_{jm}(\omega_k) \cos[\omega_k t + \theta_{jm}(\omega_k) + \varphi_j(\omega_k)] \tag{3.7}
$$

式中,$u_j(t)$ 为第 j 点场地的地震波时程;n 为要生成地震波场的位置总数;N 为三角级数个数(一般 $N=2^q$,且 q 为正整数);$A_{jm}(\omega_k)$ 为在 ω_k 频率下,第 j 点地震波与第 m 点地震波作用下的相关傅里叶幅值;$\theta_{im}(\omega_k)$ 为在 ω_k 频率下,第 j 点地震波与第 m 点地震波作用的相关相位角;第 1 个求和号表示将其他点的影响叠加到第 j 点;$\varphi_j(\omega_k)$ 为第 j 点的地震波在第 k 个频率成分下的初始相位角。

赵博等则在理论推导的基础上,将不相干效应和行波效应单独考虑,对空间相关多点地震波合成方法进行简化。李英民等在原 Harichandran - Vanmarcke 空间一维模型基础上,增加考虑了空间二维因素,该改进的相干函数模型可以较好地反映地震波随频率、空间距离

的变化规律。Kaiming 和 Hao 在 Hao 地震波合成模型基础上,提出以波动理论考虑不同场地土条件的改进方法。K.Konakli 等比较分析了采用桩－土单质点模型和土层一维波动理论合成的空间多点地震波。

基于前人的研究,本书提出的空间多点地震波拟合步骤如下:

(1) 根据实际工程的场地及震级等条件,选定适合该工程场地的功率谱函数、相干函数及相位差统计模型。

(2) 根据相干函数统计模型,计算得到相干系数矩阵。

(3) 根据功率谱函数,计算得到各测点的自功率谱与互功率谱。

空间各支承点的地面运动可以认为是均值等于零的随机振动过程,可用功率谱密度函数来表示。各支承点的功率谱函数矩阵如下:

$$
\boldsymbol{S}(i\omega_k) = \begin{bmatrix} S_{11}(\omega_k) & S_{12}(i\omega_k) & \cdots & S_{1n}(i\omega_k) \\ S_{21}(i\omega_k) & S_{22}(\omega_k) & \cdots & S_{2n}(i\omega_k) \\ \vdots & \vdots & & \vdots \\ S_{n1}(i\omega_k) & S_{n2}(i\omega_k) & \cdots & S_{nn}(\omega_k) \end{bmatrix} \tag{3.8}
$$

式中,$S_{ii}(\omega_k)(i=1,2,\cdots,n)$ 为各支承点地面运动的自功率谱密度函数,可以通过不同场地条件选择不同的功率谱密度函数;$S_{ij}(\omega_k)(i \neq j)$ 为 i、j 两点之间的互功率谱密度函数,由自功率谱函数与相干函数 $\gamma_{ij}(\omega_k)$ 计算得到,计算公式如下:

$$
\boldsymbol{\gamma}(i\omega_k,d_k^l,d_k^t) = \begin{bmatrix} \gamma_{11}(\omega_k) & \gamma_{12}(i\omega_k,d_k^l,d_k^t) & \cdots & \gamma_{1n}(i\omega_k,d_k^l,d_k^t) \\ \gamma_{21}(i\omega_k,d_k^l,d_k^t) & \gamma_{22}(\omega_k) & \cdots & \gamma_{2n}(i\omega_k,d_k^l,d_k^t) \\ \vdots & \vdots & & \vdots \\ \gamma_{n1}(i\omega_k,d_k^l,d_k^t) & \gamma_{n2}(i\omega_k,d_k^l,d_k^t) & \cdots & \gamma_{nn}(\omega_k) \end{bmatrix} \tag{3.9}
$$

其中写成矩阵的形式如下:

$$
\boldsymbol{\gamma}(i\omega_k,d_k^l,d_k^t) = \begin{bmatrix} \gamma_{11}(\omega_k) & \gamma_{12}(i\omega_k,d_k^l,d_k^t) & \cdots & \gamma_{1n}(i\omega_k,d_k^l,d_k^t) \\ \gamma_{21}(i\omega_k,d_k^l,d_k^t) & \gamma_{22}(\omega_k) & \cdots & \gamma_{2n}(i\omega_k,d_k^l,d_k^t) \\ \vdots & \vdots & & \vdots \\ \gamma_{n1}(i\omega_k,d_k^l,d_k^t) & \gamma_{n2}(i\omega_k,d_k^l,d_k^t) & \cdots & \gamma_{nn}(\omega_k) \end{bmatrix}
$$

$$
\tag{3.10}
$$

(4) 对上述功率谱矩阵进行 Cholesky 分解。

由于矩阵 $[S(i\omega_k)]$ 为实对称非负定矩阵,易于分解为一个下三角矩阵和转置的乘积,即进行 Cholesky 分解:

$$
[S(i\omega_k,d_k^l,d_k^t)] = [L(i\omega_k,d_k^l,d_k^t)][L(i\omega_k,d_k^l,d_k^t)]^{\mathrm{T}} \tag{3.11}
$$

上述方法在求解式(3.11)时需要对功率谱矩阵进行 Cholesky 分解,而导致地震波合成的效率较低,因此,下面对地震波合成过程进行进一步的简化。根据式(3.9)可以把互功率谱进一步写成

$$
[S_{ij}(i\omega_k,d_k^l,d_k^t)] = \sqrt{S_i(\omega_k) \cdot S_j(\omega_k)} \, |\gamma_{ij}(i\omega_k,d_k^l,d_k^t)| \cdot \exp[-i\omega \cdot d_{ij}^l/v_{\mathrm{app}}(\omega_k)] \tag{3.12}
$$

由上式可以很清楚地看出互功谱矩阵的表达式体现出各测点间的相关性;第 1 项体现了各测点的局部场地效应;第 2 项体现了各测点地震波的相干效应;第 3 项体现了任意两测点间的地震波传播的时滞效应,其中 d_{ij}^l/v_{app} 即为 i、j 两点间的地震波传播时间。

(5) 根据各测点空间位置,计算得到各测点间的时滞。

取场地中任一点为参考点(通常可取第 1 个测点为参考点),若第 n 点在地震波的传播方向上与参照原点的传播时差为 T_n,则各测点间的时滞效应表达式为

$$d_{ij}^l/v_{\text{app}}(\omega_k) = T_j - T_i \tag{3.13}$$

(6) 由式(3.14)和式(3.15)分别计算得到傅里叶幅值谱及相关相位谱。

根据文献(赵灿辉,2002)提出的具体推导过程可以得到参数 $A_{jm}(\omega_k)$、$\theta_{jm}(\omega_k)$ 的计算公式。

$$A_{nm}(i\omega_k, d_k^l, d_k^t) = \sqrt{4\Delta\omega} \, |l_{nm}(i\omega_k, d_k^l, d_k^t)| \tag{3.14}$$

$$\theta_{nm}(i\omega_k, d_k^l, d_k^t) = \arctan \frac{\text{Im}[l_{nm}(i\omega_k, d_k^l, d_k^t)]}{\text{Re}[l_{nm}(i\omega_k, d_k^l, d_k^t)]} \tag{3.15}$$

(7) 根据相位差统计模型,计算得到符合相位差分布规律的随机相位角。

(8) 由式(3.16)合成各支承点的时频非平稳地震波时程曲线。

$$u_j(t) = \sum_{j=1}^{n} \sum_{k=0}^{N-1} B_{jm}(\omega_k) \cdot \exp\{i \cdot [\omega_k t + \theta_{jm}(\omega_k) + \varphi(\omega_k)]\} \tag{3.16}$$

其中

$$B_{nm}(i\omega_k) = A_{nm}(i\omega_k)/2 \tag{3.17}$$

3.2.2　空间多点地震波场合成程序

当需要合成空间若干点的地震波时程时,就必须考虑各支承点的局部场地效应及各空间点的地震波之间的相关性,如相干效应、波传播效应等影响因素。本书基于统计的功率谱模型、二维相干函数模型、相位差谱统计模型,应用 MATLAB 编制了多点地震波场合成程序。该程序可根据不同场地类型、震级大小、设计烈度合成时频非平稳的地震波场,合成的地震波场可以综合考虑局部场地效应、相干效应及波传播效应。本书利用 MATLAB 编制的地震波场合成程序流程图如图 3.1 所示。

其中,以上合成程序的关键部分之一为考虑空间相关的傅里叶幅值谱的合成。本书通过 MATLAB 软件编程,实现了空间多点地震波场合成,其中的关键部分 —— 考虑空间效应的傅里叶幅值谱合成代码如图 3.2 所示。

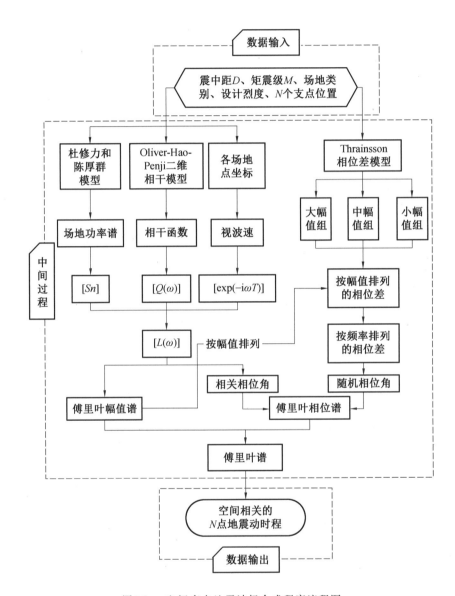

图3.1　空间多点地震波场合成程序流程图

```
输入参数（场地，地震波合成，功率谱函
数，相干函数等参数）
N=4;Fs=100;fn=25;
nt=round(Fs*Ts+1);
nfft=2^nextpow2(nt);
df=Fs/nfft;ff=df:df:(nfft/2+1)*df;dt=1/Fs;
tt=(0:(nt-1))*dt;domiga=2*pi*df;
omiga=2*pi*ff;
vapp=3344+1095*log(omiga/2pi);
ne=round(fn/df)+1;
s0=65.34*0.0001;
omigag=13.16;
keceg=0.97;dd=0.011;omiga0=1.83;
beita1=0.000225;beita2=0.00051;a=0.01066;
b=0.0000265;c=-0.000998; d=0.006655;
e=0.000059; g=-0.00112;
```

```
计算功率谱
ss=zeros(1,nfft/2+1);
for ii=1:ne
  gomiga1(ii)=4*(keceg*omiga(ii)/
omigag)^2;
  gomiga2(ii)=(1-(omiga(ii)/omigag)^2)^2;
  gomiga3(ii)=(1+gomiga1(ii))/
(gomiga2(ii)+gomiga1(ii));
  gomiga4(ii)=s0./(1+(dd*omiga(ii))^2);
  gomiga5(ii)=omiga(ii)^4;
  gomiga6(ii)=(omiga0^2+omiga(ii)^2).^2;

ss(ii)=gomiga3(ii)*gomiga4(ii)*gomiga5(ii)/
gomiga6(ii);
 end;
```

```
计算相干函数
```

```
Cholesky分解
L(:,:,ii) = chol(gama(:,:,ii),'lower');
```

```
计算合成系数
  for ii=1:nfft/2+1
Am(:,:,ii)=sqrt(4*domiga*ss(ii))*abs(L(:,:,ii))
*nfft;
  end
  Belta_m=angle(L);
```

```
计算傅里叶幅值谱
```

```
计算相干函数：
gama=zeros(N,N,nfft/2+1);
  exp_twave=zeros(N,N,nfft/2+1);
  ss_iw=zeros(N,N,nfft/2+1);
  L=zeros(N,N,nfft/2+1);
  alf1=zeros(1,nfft/2+1);alf2=zeros(1,nfft/2+1);
  for ii=1:nfft/2+1
    if omiga(ii)<=20*pi
      alf1(ii)=2*pi*a/omiga(ii)+b*omiga(ii)/2/pi+c;
      alf2(ii)=2*pi*d/omiga(ii)+e*omiga(ii)/2/pi+g;
    else
      alf1(ii)=2*pi*a/(20*pi)+b*(20*pi)/2/pi+c;
      alf2(ii)=2*pi*d/(20*pi)+e*(20*pi)/2/pi+g;
    end;
    for jj=1:N
      for kk=1:N
      gama1(jj,kk,ii)=exp(-
(beita1*abs(ddl(jj,kk))+beita2*abs(ddt(jj,kk))));
      gama2(jj,kk,ii)=exp(-
(alf1(ii)*sqrt(abs(ddl(jj,kk)))+alf2(ii)*sqrt(abs(ddt(jj,
kk))))*(omiga(ii)/2/pi)^2);

gama3(jj,kk,ii)=gama1(jj,kk,ii)*gama2(jj,kk,ii);
      twave(jj,kk,ii)=omiga(ii)*ddl(jj,kk)/vapp(ii);
      exp_twave(jj,kk,ii)=exp(-1i*twave(jj,kk,ii));

gama(jj,kk,ii)=abs(gama3(jj,kk,ii)).*exp_twave(jj,kk,
ii);
      ss_iw(jj,kk,ii)=ss(ii)*gama(jj,kk,ii);
      end;
    end;
```

```
傅里叶幅值谱的生成：
 for ii=1:N
   for jj=1:ii
     for kk=1:nfft/2+1
     Alfa(ii,jj,kk)=Belta_m(ii,jj,kk)+fai(jj,kk);
     end
   end
end
  Bm=Am/2;
  Ui_1=zeros(N,nfft/2+1);          for ii=1:N
    for jj=1:ii
      for kk=1:nfft/2+1

Ui_1(ii,kk)=Ui_1(ii,kk)+Bm(ii,jj,kk)*(cos(Alfa(ii,jj,k
k))+1i*sin(Alfa(ii,jj,kk)));
      end;
    end;
  end;
  for ii=1:N
    Ui(:,ii)=[Ui_1(ii,1:nfft/2+1),conj(Ui_1(ii,nfft/2:-
1:2))]';
  end
```

图3.2　考虑空间效应的傅里叶幅值谱合成代码

3.3　空间多点地震动拟合算例

3.3.1　拟合算例1

拟合目标:已知二维空间4个支承点,其位置分布如图3.3所示。各点所处的场地类别均为中软土,其土层平均剪切波速满足$250 \geqslant v_s \geqslant 140$,属《公路桥梁抗震设计细则》中Ⅲ类场地。拟基于相位差谱合成抗震设防烈度为8度、空间相关的4个支承点的地震加速度时程曲线。

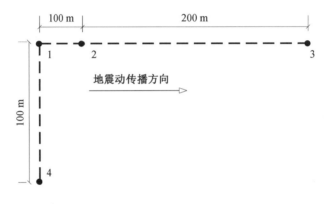

图3.3　空间场地位置示意图

拟合过程:本程序合成时,取矩震级为7级,震中距为80 km;采样频率取为100 Hz,采样数量为2 048点。采用杜修力和陈厚群功率谱模型、Thrainsson相位差统计模型、Hao的二维空间相干模型,应用快速傅里叶变换合成非平稳加速度时程曲线。

利用本书编制的MATLAB程序合成空间相关4个支承点的时频非平稳地震加速度时程曲线如图3.4所示。可以看出,本书地震波合成过程中不需要乘以强度包络函数即可以得到时域非平稳的地震波时程。对比第1点和第2点的加速度时程可以发现,由于两个支承点的距离较近,两点地震波时程相接近,体现了本程序合成的地震波具有局部场地收敛性,此结论也可以由图3.6看出。

各支承点地震波时程的功率谱与目标功率谱比较如图3.5所示。对比可知,合成时程的功率谱与目标功率谱吻合较好,本程序合成的时程曲线具有与相应场地土适应的频谱特性。

各支承点地震波间的相干曲线如图3.6所示。通过与统计相干函数的对比可以发现,各条时程曲线间的相干系数与目标相干函数吻合较理想,合成的各空间点地震波时程能反映各支承点的二维空间相干效应。

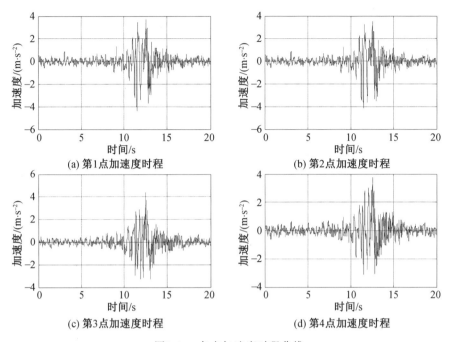

图3.4　各点加速度时程曲线

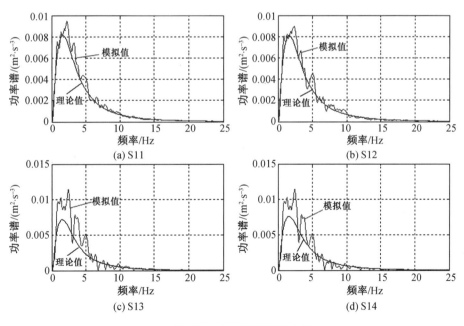

图3.5　地震波功率谱曲线

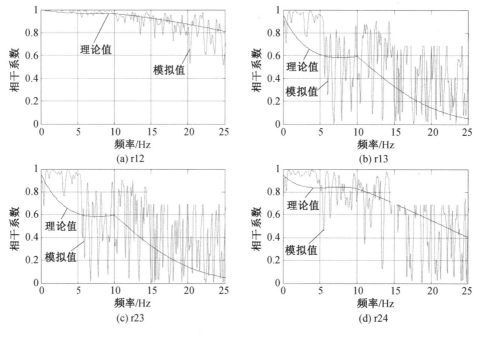

图3.6　地震波场相干曲线

3.3.2　拟合算例2

拟合目标:某三塔自锚式悬索桥的各基础支承点平面位置图如图 3.7 所示。

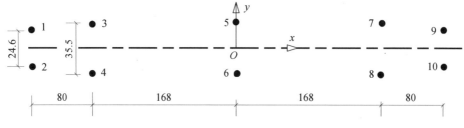

图3.7　桥址布置图(单位:m)

图 3.7 中 x 方向为顺桥向, y 方面为横向,坐标中心点如图 3.7 中所示。因此,得到各支承位置点的相对坐标,写成矩阵形式如下(以 m 为单位):

$$\boldsymbol{D}_x = \begin{bmatrix} 0 & 0 & 80 & 80 & 248 & 248 & 416 & 416 & 496 & 496 \\ 0 & 0 & 80 & 80 & 248 & 248 & 416 & 416 & 496 & 496 \\ -80 & -80 & 0 & 0 & 168 & 168 & 336 & 336 & 416 & 416 \\ -80 & -80 & 0 & 0 & 168 & 168 & 336 & 336 & 416 & 416 \\ -248 & -248 & -168 & -168 & 0 & 0 & 168 & 168 & 248 & 248 \\ -248 & -248 & -168 & -168 & 0 & 0 & 168 & 168 & 248 & 248 \\ -416 & -416 & -336 & -336 & -168 & -168 & 0 & 0 & 80 & 80 \\ -416 & -416 & -336 & -336 & -168 & -168 & 0 & 0 & 80 & 80 \\ -496 & -496 & -416 & -416 & -248 & -248 & -80 & -80 & 0 & 0 \\ -496 & -496 & -416 & -416 & -248 & -248 & -80 & -80 & 0 & 0 \end{bmatrix}_{10\times10}$$

$$\boldsymbol{D}_y = \begin{bmatrix} 0 & -24.6 & 5.45 & -30.05 & 5.45 & -30.05 & 5.45 & -30.05 & 0 & -24.6 \\ 24.6 & 0 & 30.05 & -5.45 & 30.05 & -5.45 & 30.05 & -5.45 & 24.6 & 0 \\ -5.45 & -30.05 & 0 & -35.5 & 0 & -35.5 & 0 & -35.5 & -5.45 & -30.05 \\ 30.05 & 5.45 & 35.5 & 0 & 35.5 & 0 & 35.5 & 0 & 30.05 & 5.45 \\ -5.45 & -30.05 & 0 & -35.5 & 0 & -35.5 & 0 & -35.5 & -5.45 & -30.05 \\ 30.05 & 5.45 & 35.5 & 0 & 35.5 & 0 & 35.5 & 0 & 30.05 & 5.45 \\ -5.45 & -30.05 & 0 & -35.5 & 0 & -35.5 & 0 & -35.5 & -5.45 & -30.05 \\ 30.05 & 5.45 & 35.5 & 0 & 35.5 & 0 & 35.5 & 0 & 30.05 & 5.45 \\ 0 & -24.6 & 5.45 & -30.05 & 5.45 & -30.05 & 5.45 & -30.05 & 0 & -24.6 \\ 24.6 & 0 & 30.05 & -5.45 & 30.05 & -5.45 & 30.05 & -5.45 & 24.6 & 0 \end{bmatrix}_{10\times10}$$

根据桥的相关资料可知,该工程各支承点处的地质条件具有一定的变异性,场地类型为三类或四类,其中 1~6 号支承点处于三类场地,7~10 号支承点处于四类场地。本书合成抗震设防烈度为 7 度的各支承点地震波,合成地震波时震源距离取为 80 km。

拟合过程:根据前文所编制的 MATLAB 地震波场合成程序合成,考虑波传播效应、相干效应及局部场地效应的地震波场,拟合得到 10 个支承点的地震波时程如图 3.8 所示。可以看出,10 个支承点的地震波时程具有明显的时域非平稳性。同时,由于考虑了各支承点地震波的相关性,各支承点地震波又有所不同。

本书部分支承点地震波时程的自功率谱及互功率谱曲线与目标功率谱的比较如图 3.9 所示。由图 3.9 中曲线对比可以看出,模拟得到的各支承点地震波的功率谱与目标功率谱吻合较好。由图 3.9 中第 1 点地震波的功率谱曲线和第 10 点的功率谱曲线对比可知,由于两支承点的场地类别不同,两支承点的地震波具有不同的频谱特性,反映了支承点的局部场地效应。

图 3.10 列出了部分支承点地震波的相干系数,可以看出相干曲线与目标的相干函数一致,各支承点地震波间的相关性能与统计模型相吻合,还能看出本程序拟合得到的地震波场具有明显的局部场地收敛特性。

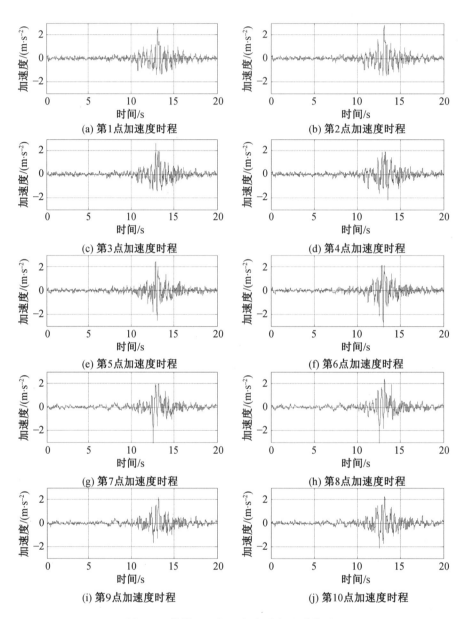

图3.8　背景工程场地各支承点地震波时程

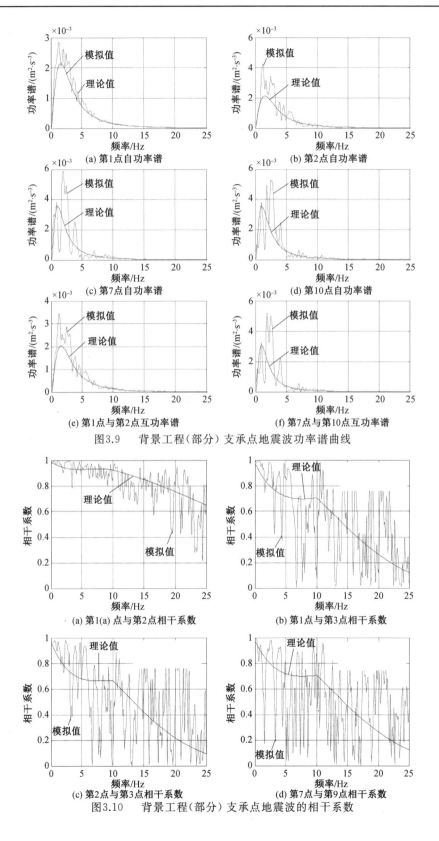

(a) 第1点自功率谱

(b) 第2点自功率谱

(c) 第7点自功率谱

(d) 第10点自功率谱

(e) 第1点与第2点互功率谱

(f) 第7点与第10点互功率谱

图3.9　背景工程（部分）支承点地震波功率谱曲线

(a) 第1(a) 点与第2点相干系数

(b) 第1点与第3点相干系数

(c) 第2点与第3点相干系数

(d) 第7点与第9点相干系数

图3.10　背景工程（部分）支承点地震波的相干系数

第4章　近断层地震动的拟合方法

自从 1957 年人们首次记录到近断层脉冲型地震波后,人们就对这种地震波产生了浓厚的兴趣,关于近断层脉冲型地震波的特性及其对结构响应影响的探索研究已经有几十年的历史。近断层地震波与普通的远场地震波有着显著的区别。首先,有一部分近断层地震波中含有丰富的低频成分,表现为具有速度大脉冲,在反应谱上的长周期区域有较大的值;其次,这种速度大脉冲引起结构的破坏更加严重,在相同的矩震级的条件下,近断层脉冲型地震波造成的建筑破坏程度比普通远场地震波大得多。

尽管早在 20 世纪 50 年代,人们就记录到了脉冲型地震波,但由于测量技术限制、数字强震仪台站布置不足以及地震发生的随机性。一直以来实测的近断层脉冲型地震波记录的数量非常匮乏,难以通过实测的地震波记录研究这类地震波的特性规律。直到 1994 年美国的 Northridge 地震、1995 年日本的 Kobe 地震和 1999 年中国台湾集集地震的发生,人们从中获取到了大量的脉冲型地震波,才丰富了脉冲型地震波记录数据库。人们能够采用统计学的方法研究这类地震的特性,得到这类地震波的普遍规律。

本章将通过确定出可识别近断层脉冲型地震波的方法,基于此方法在 PEER 的 NGA－West2 数据库中识别出 141 组近断层脉冲型地震波记录作为本书的数据库。基于本书的数据库,计算出数据库中脉冲型地震波的脉冲周期 T_p、脉冲峰值 V_p、脉冲峰值时刻 $t_{1,v}$ 和临界频率 f_r,并研究它们之间以及它们与断层距和矩震级的相关性,最后得到它们之间以及它们与断层距和矩震级的统计关系。基于本书数据库,修正已有的近断层脉冲型地震波的反应谱参数 PGV/PGA 和 Ω,得到修正参数后的近断层反应谱。根据本书数据库结合对近断层地震波的特性分析,提出基于 FFT 法的近断层地震波拟合改进方法和基于小波理论的近断层地震波拟合改进方法。

4.1　近断层地震动的特性分析

4.1.1　基于实测记录的近断层地震波数据库

20 多年以来,地震波测站布置在世界各地,极大地丰富了地震波记录数据库。本章所用的所有地震波数据均来自太平洋地震工程研究中心(PEER)的 NGA－West 2 数据库。NGA－West 2 数据库中的数据是来自世界各地的浅源地震,数据库中的地震波记录的震级范围从 3 到 7.9,断层距的分布从 0 km 到 1 533 km。地震工程研究者从地震波记录数据库中选取脉冲型地震波时,具有所用的选波标准不统一、主观性强等缺点,这对地震工程研究者研究这类地震是非常不利的。由于采用断层距作为标准划分近断层区域具有概念清晰、物理意义明确的优点,并且地震波峰值加速度用来表征地震波的强度,是地震波记录筛选的重要依据,同时 NGA－West 2 数据库中震级类型为矩震级的地震记录最多且矩震级又具有很多优点,故本书以断层距、峰值加速度以及矩震级三个地震波参数为标准,从 NGA－West 2 数据库中选取近断层地震波记录。

在选取断层距标准时,李明等和王宇航等研究了近断层地震波区域的划分,他们以断层距为划分近断层区域的标准,得到了临界断层距的值。李明等研究结论中的临界断层距最大值为 48 km,王宇航等研究取临界断层距为 40 km,目前地震工程研究者取断层距上限为 60 km 左右。为了能够最大限度地取得 NGA－West 2 数据库中所有的近断层脉冲型地震波,本书选取断层距为 60 km 作为标准。同时在选取峰值加速度时,由于我国现行的《建筑抗震设计规范(2016 年版)》(GB 50011—2010)中规定,抗震设防烈度最低为 6 度,对应的设计基本地震加速度值为 $0.05g$。故本书将峰值加速度小于 $0.05g$ 的地震波记录略去。选取矩震级标准时,在太平洋地震波工程研究中心的 NGA－West 2 数据库中,所有断层距在 60 km 以内,峰值加速度 PGA $\geqslant 0.05g$ 的地震波记录最小值为 3.40。但考虑到 5 级以下的地震对建筑结构几乎不会造成结构性的破坏,5 ～ 6 级的地震可以对设计不佳或者没有抗震设计的建筑结构造成破坏,故本书只选择矩震级不小于 5 级的地震记录。

基于此,本书在建立近断层脉冲型地震动数据库时采用了一种更为准确的近断层脉冲型地震动识别方法。基于该方法在 PEER 中 NGA－West 2 数据库中识别得到了脉冲型地震动记录,并建立了地震动数据库。在过去很长一段时间,地震研究学者对于一条速度时程是否具有速度脉冲的特性没有一个统一、明确的识别方法。在选择脉冲波时,所用的标准具有很强的主观性和不可重复性。直到 2007 年,Stanford University 的 Jack W.Baker 提出了识别一条速度时程是否具有脉冲特性的量化方法,称为 Baker 法。虽然 Baker 法首次实现了量化识别脉冲,但它反复应用小波变换,算法的计算效率较低。再者,Baker 法是仅对地震记录时程的某一个分量(PEER 强震数据库中的地震波记录都有两个水平分量或者两个水平分量以及一个垂直分量)进行识别,若该分量被识别为脉冲波,则认为这条地震记录为脉冲波。这样的识别方式很容易做出误判,将没有脉冲特性的地震波识别为脉冲地震波。最后,这种方法只能识别正断层产生的速度脉冲,不能识别出由其他类型断层产生的地震波是否具有脉冲。针对 Baker 法存在的局限性,Shrey K.Shahi 和 Jack W.Baker 于 2014 年提出了一种更加高效的定量的脉冲识别方法,并提出了一个基于支持向量机(Support Vector Machines,SVM)的脉冲识别指标(下面称为 Shahi－Baker 法)。这种方法通过对地震波的两个正交分量做连续小波变换,来识别地震波是否具有脉冲。用新的方法识别地震波记录,降低了脉冲误判的可能性。另外,在对地震波做连续小波变换时利用了小波变换的正交性,只需要对地震波的两个正交分量分别做一次连续小波变换就可以确定小波系数的最大值。相比 2007 年的算法,要做 10 次小波变换,显著提高了算法的计算速度,降低了计算成本。

为了更好地说明 Shahi－Baker 法和 Baker 法的区别,本书以 RSN448 和 RSN507 这两条地震波记录为例,采用这两种方法分别来识别地震波是否具有脉冲。图 4.1 和图 4.2 分别为 RSN448 和 RSN507 的加速度时程和速度时程。

图 4.3 是 Baker 法和 Shahi－Baker 法的判断指标,图中两条竖向的虚线是当 Baker 法中的脉冲识别指标 PI 等于 0.85 时的最大值和最小值,水平的虚线为 PGV $\geqslant 30$ cm/s。当地震波记录的脉冲指标落在曲线(直线)的左上方区域时判定为脉冲波,否则判定为非脉冲波。

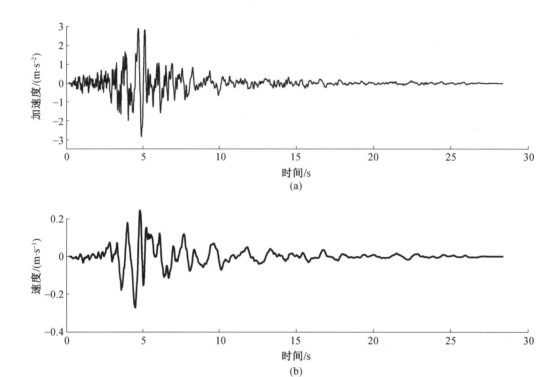

图 4.1　RSN448 地震记录的加速度时程和速度时程

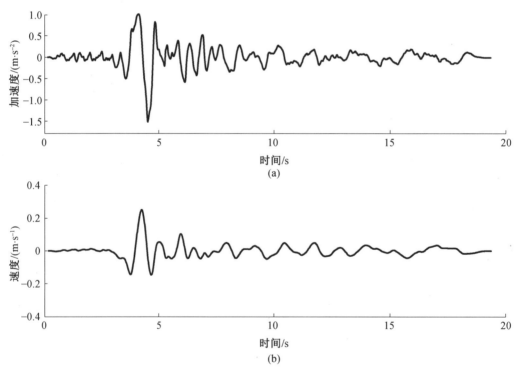

图 4.2　RSN507 地震记录的加速度时程和速度时程

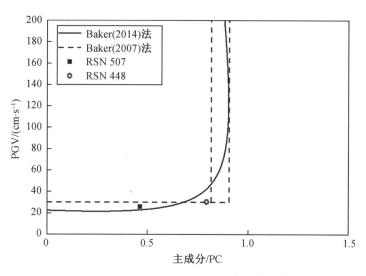

图 4.3 Baker 法和 Shahi－Baker 法的判断指标

从图 4.3 中可以看到,对于地震记录 RSN 507,采用 Shahi－Baker 法判定为脉冲波,而用 Baker 法则判定为非脉冲;另一条地震记录 RSN448,Shahi－Baker 法判定为非脉冲波,但是 Baker 法则无法做出判断。

鉴于 Shahi－Baker 法能更准确地识别及判定脉冲型地震波记录,因此,本书采用 Shahi－Baker 法作为识别脉冲地震波的方法。

本书通过 Shahi－Baker 法在 PEER 的 NGA－West 2 数据库中识别出 141 组近断层脉冲型地震波记录作为本书的数据库,见附表 1。

4.1.2 近断层地震波参数的相关性研究

为了更好地展开近断层地震波特性的统计分析,本节将对地震波合成中的关键参数做一个简要的说明,并且根据上面 Shahi－Baker 法识别出来的地震波数据库来研究它们之间的相关性。

脉冲周期指的是速度脉冲时程的周期,用 T_p 表示;脉冲峰值是指速度脉冲时程的峰值,用 V_p 表示;脉冲峰值时刻是指脉冲峰值出现的时刻,用 $t_{l,v}$ 表示,通过图 4.4 的一种速度脉冲时程可以更直观地理解脉冲周期、脉冲峰值以及脉冲峰值时刻等地震波参数的定义。

$t_{l,a}$ 表示脉冲加速度峰值时刻;$t_{h,a}$ 表示高频加速度峰值时刻;Δt 表示高频加速度峰值时刻与低频加速度峰值时刻的差值,即 $\Delta t = t_{h,a} - t_{l,a}$,$\Delta t$ 简称高低频峰值时刻差,通过图 4.5 平移前后的近断层脉冲型地震波加速度时程可以更好地理解脉冲加速度峰值时刻和高低频峰值时刻差等地震波参数的定义。

临界频率是指脉冲成分加速度功率谱的下降段与剩余部分加速度功率谱的交点的横坐标,用 f_r 表示,以 Coyote Lake 地震 Gilroy Array ♯ 6 台站地震记录为例,如图 4.6(a)所示。在取临界频率时,高频成分的功率谱的图形有很多毛刺,为了消除其影响,采用 MATLAB 中的 smooth 函数对高频成分的功率谱进行平滑化。对该地震波信号高频成分平滑化后的结果如图 4.6(b)所示。经过平滑化后,高频加速度的功率谱和低频加速度的功率谱的交点

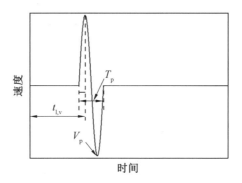

图 4.4　速度脉冲时程中参数定义

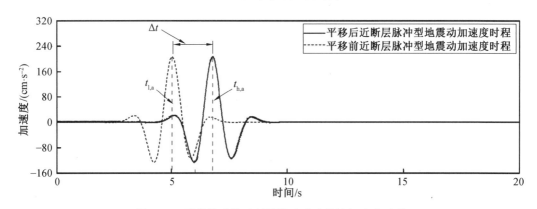

图 4.5　平移前后的近断层脉冲型地震波加速度时程

则为临界频率 f_r。

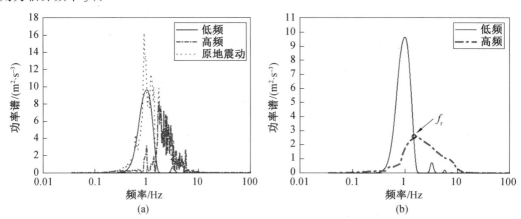

图 4.6　Coyote Lake 地震 Gilroy Array #6 台站地震记录的加速度功率谱

脉冲周期可以直接在太平洋地震工程研究中心（PEER）的 NGA－West 2 数据库中获得（附表 2），基于本书的地震波数据库，依托 MATLAB 平台编写程序求得地震波数据库中141 组地震波记录的脉冲峰值、脉冲峰值时刻、临界频率高低频峰值时刻差等地震波参数（附表 1）。

以上介绍的地震波参数是地震波合成中的关键参数。为了弄清脉冲周期 T_p、脉冲峰值

V_p、脉冲峰值时刻 $t_{1,v}$、临界频率 f_r 和 Δt 之间的内在联系的强弱和它们与矩震级 M_w、断层距 R 的内在联系的强弱,本书采用求随机变量的相关系数的方法,计算出上述所有地震波参数的相关系数,根据相关系数来判断两个参数的相关性。理论上相关系数越接近 ± 1,表示两个随机变量的相关性越强。

本书采用 Spearman 相关系数作为指标,其计算公式为

$$\rho = 1 - \frac{6 \sum d_i^2}{n(n^2 - 1)} \tag{4.1}$$

式中,d 为每对变量值 (X, Y) 的秩次之差;n 为对子数。

求出上述 7 个地震波参数的 Spearman 相关系数,列于表 4.1 中。其中,加粗代表 M_w、T_p、$t_{1,v}$ 和 f_r 这四个参数间的相关系数。

表 4.1　地震波参数的相关系数

参数	M_w	R_{jb}	T_p	V_p	$t_{1,v}$	f_r	Δt
M_w	**1.00**	-0.13	**0.74**	0.08	**0.78**	**-0.72**	-0.24
R_{jb}		1.00	-0.17	0.03	-0.11	0.20	0.06
T_p			**1.00**	0.01	**0.76**	**-0.98**	-0.33
V_p				1.00	-0.01	-0.02	-0.10
$t_{1,v}$					**1.00**	**-0.77**	-0.36
f_r						**1.00**	0.31
Δt							1.00

注:$0.8 \sim 1.0$ 表示极强相关;$0.6 \sim 0.8$ 表示强相关;$0.4 \sim 0.6$ 表示中等强度相关;$0.2 \sim 0.4$ 表示弱相关;$0 \sim 0.2$ 表示不相关;相关系数为负表示负相关。

从表 4.1 中可以看出,矩震级 M_w 和脉冲周期 T_p 的相关系数 $\rho = 0.74$,矩震级 M_w 和脉冲峰值时刻 $t_{1,v}$ 的相关系数 $\rho = 0.78$,矩震级 M_w 和临界频率 f_r 的相关系数 $\rho = -0.72$,故矩震级与脉冲周期 T_p 和脉冲峰值时刻具有强相关性且临界频率与矩震级呈负相关;矩震级 M_w 和脉冲峰值 V_p 的相关系数 $\rho = 0.08$,矩震级 M_w 和高频峰值时刻与低频峰值时刻的差值 Δt 的相关系数 $\rho = -0.24$,故矩震级与脉冲周期 V_p 和高频峰值时刻与低频峰值时刻的差值 Δt 的相关性非常弱。

断层距 R_{jb} 与脉冲周期 T_p、脉冲峰值 V_p、脉冲峰值时刻 $t_{1,v}$、临界频率 f_r、高频峰值时刻与低频峰值时刻的差值 Δt 的相关系数分别为 -0.17、0.03、-0.11、0.20、0.06,可以看出断层距 R_{jb} 与脉冲周期 T_p、脉冲峰值 V_p、脉冲峰值时刻 $t_{1,v}$、临界频率 f_r、高频峰值时刻与低频峰值时刻的差值 Δt 的相关系数均比较接近 0,这说明了这几个参数间的相关性很弱。可以发现 $t_{1,v}$ 与 T_p 也有强相关性;f_r 与 T_p 和 $t_{1,v}$ 也有强相关性,并且是负相关。

4.1.3　近断层地震波特性的统计分析

本节将根据上面地震波合成过程中参数间的相关性研究来试图找到脉冲周期、脉冲峰值、脉冲峰值时刻以及临界频率间的统计关系分析。

（1）脉冲周期是地震波合成过程中的一个重要参数,由 4.1.2 节可知脉冲周期与矩震级

之间有强相关性,相关系数为 0.74。因此,本节将研究脉冲周期与矩震级之间的关系,试图找到脉冲周期与矩震级之间的定量关系。

本书根据太平洋地震工程研究中心(PEER)的 NGA-West 2 数据库中提供的 T_p 和矩震级 M_w 的数据,利用最小二乘法拟合 T_p 与矩震级 M_w 的关系,拟合曲线如图 4.7 所示。

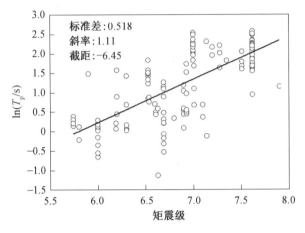

图 4.7 　 $\ln(T_p)$ 与 M_w 拟合示意图

故 T_p 与矩震级的统计关系为

$$\ln T_p = -6.45 + 1.11 M_w \tag{4.2}$$

(2)脉冲峰值(V_p)是地震波合成过程中的一个重要参数,也是衡量脉冲强度的一个指标。本小节将研究脉冲峰值与矩震级之间的关系,试图找到脉冲周期与断层距和矩震级之间的定量关系。

国内外有很多学者已经对确定 V_p 的统计关系做了很多工作,Somerville、Alavi、Krawiinkler、Bray、Rodriguez、Tang、Zhang 和王宇航等学者均提出了相关的经验公式。已有的研究表明,脉冲周期是关于断层距和矩震级的二元函数,因此,本书在已有研究的基础上,采用式(4.3)作为目标模型。

$$\ln V_p = a + b M_w + c \ln R \tag{4.3}$$

式中,V_p 为脉冲峰值;R 为断层距;M_w 为矩震级;a、b、c 为拟合系数。

利用本书计算得到的脉冲峰值,结合太平洋地震工程研究中心(PEER)的 NGA-West 2 数据库提供的矩震级、断层距的数据,对式(4.3)做多元非线性回归分析,得到 a、b、c 拟合系数分别为 3.680、0.065、0.025。图 4.8 是经验公式的计算值与脉冲峰值的分布图。

根据图 4.8 的拟合结果,得到脉冲峰值与断层距和矩震级的统计关系,即

$$\ln V_p = 3.680 + 0.065 M_w + 0.025 \ln R \tag{4.4}$$

(3)脉冲峰值时刻($t_{1,v}$)也是地震波合成过程中的一个参数,合成近断层脉冲型地震波需要对其进行统计分析。从表 4.1 中可知,脉冲峰值时刻与矩震级相关系数为 0.78,具有强相关性,故本小节将对脉冲峰值时刻 $t_{1,v}$ 与矩震级 M_w 的统计关系进行研究。

本书通过根据太平洋地震工程研究中心(PEER)的 NGA-West 2 数据库中提供的脉冲峰值时刻和矩震级的数据,得到脉冲型地震波的脉冲时刻与矩震级的散点图,发现两者间没有相关性。于是将脉冲峰值时刻取对数再画出脉冲峰值时刻与矩震级之间的散点图,表

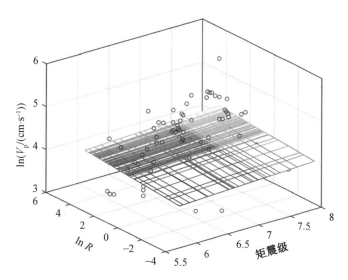

图 4.8 经验公式计算值和脉冲峰值的分布图

明脉冲峰时刻与矩震级之间有较强的相关性。对其进行线性回归分析,得到回归曲线如图 4.9 所示。

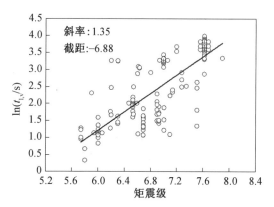

图 4.9 脉冲峰值时刻对数与矩震级之间的关系

根据图 4.9 的拟合结果,得到脉冲峰值时刻与矩震级之间的关系,即

$$\ln t_{1,v} = 1.35 M_w - 6.88 \tag{4.5}$$

(4)临界频率是近断层脉冲型地震记录提取脉冲成分后,高频成分(剩余部分)和低频成分(脉冲成分)所在频带的边界。本书根据王宇航对临界频率的定义,计算出 141 组实际脉冲型地震波的临界频率值。画出临界频率与脉冲周期倒数的散点图并使用最小二乘法对其进行拟合,结果如图 4.10 所示。

故临界频率 f_r 和脉冲周期 T_p 之间的关系式为

$$f_r = 1.72 \cdot T_p^{-1} \tag{4.6}$$

式中,T_p 为脉冲周期,根据式(4.1)经验公式计算得到。

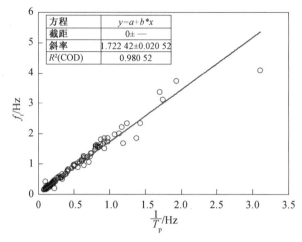

方程	$y=a+b*x$
截距	0± —
斜率	1.722 42±0.020 52
R^2(COD)	0.980 52

图 4.10 临界频率与脉冲周期的拟合关系

4.2 近断层地震动反应谱研究

我国的抗震规范中针对近断层区域给出的设计谱幅值调整方法不能保证近断层区域的结构具有足够的安全。相关地震工程研究者针对近断层地震波反应谱的研究结果表明,近断层脉冲型地震波反应谱与无脉冲地震波有较大的不同,主要表现如下:

(1) 在长周期段(大约在 1.5 s 后),近断层脉冲型地震波反应谱的谱值比非脉冲的谱值更大,与我国现行的抗震设计规范中的反应谱相比,为规范中相应取值的 2 倍以上,在脉冲周期 T_p 处,近断层脉冲型地震波的放大倍数最大可以达到 3.5 倍。

(2) 与现行的抗震设计规范相比,近断层脉冲型地震波的特征周期明显偏大。

到目前为止,已有许多地震工程研究者对近断层脉冲型地震波反应谱模型开展了相关的研究。徐龙军等探究了具有典型的近断层方向性效应特征的地震波记录的反应谱,提出了双规准组合反应谱;周雍年等、江辉等基于实际的强震记录,探究了地震波记录长周期成分的特征,引入考虑了近场地震波效应的反应谱平台高度和特征周期取值的修正系数,并提出长周期设计反应谱的修正建议;Shahi 等、Chiou 等、Ni 等和 Change 等对近断层地震波反应谱的预测模型做了研究,并提出对远场地震波反应谱的某个区段进行反应谱值修正的近断层地震波反应谱。上述这些考虑近断层脉冲型地震波的反应谱的提出,在一定程度上解决了近断层区域结构抗震设计安全问题,但这些反应谱与抗震设计规范的衔接性太差,不便应用在实际工程当中。

杨华平等基于 Baker 法从 PEER 数据库中筛选出 226 条脉冲型地震波记录,并采用双周期规准法(用场地特征周期 T_g 和脉冲周期 T_p 对反应谱的横坐标进行规准化)进行统计分析,提出了阻尼比为 0.05,具有 50% 保证率的速度放大系数设计谱 β_V,并且导出了加速度反应谱的公式,极大地方便了在工程中的应用。根据上面对 Shahi—Baker 法和 Baker 法进行比较可以看出,Baker 法识别出的脉冲地震波记录库存在缺陷。因此,杨华平等采用 Baker 法得到的近断层地震波加速度反应谱并不十分合理。故本书在杨华平等提出的近断层设计反应谱基础上提出了一种新的近断层地震波反应谱。

4.2.1　已有的近断层地震波反应谱

本节将介绍杨华平等提出的近断层设计反应谱,其提出的速度放大系数设计谱 β_V 的形式为

$$\beta_V(T) = \begin{cases} \beta_{mm}\left(0.714\,\dfrac{T}{T_g} - 0.004\right) & \left(0.01 < \dfrac{T}{T_g} \leqslant 1\right) \\[2mm] \beta_{mm}\left(0.362\,5\,\dfrac{T - T_g}{T_p - T_g} + 0.71\right) & \left(0 < \dfrac{T - T_g}{T_p - T_g} \leqslant 0.8\right) \\[2mm] \beta_{mm}\left(1.36 - 0.45\,\dfrac{T - T_g}{T_p - T_g}\right) & \left(0.8 < \dfrac{T - T_g}{T_p - T_g} \leqslant 1\right) \\[2mm] 0.91\beta_{mm}\left(\dfrac{1}{T/T_g}\right)^{1.33} & \left(1 < \dfrac{T}{T_p} \leqslant 10\right) \end{cases} \tag{4.7}$$

式中,β_{mm} 为各类场地上的拟速度均值谱峰值,根据式(4.8)确定:

$$\beta_{mm} = \Omega C_s \tag{4.8}$$

$\beta_V(T)$ 为速度放大系数设计谱;T_g 为反应谱的特征周期;T_p 为脉冲周期;T 为结构自振周期;Ω 为各脉冲地震波记录速度放大系数谱最大值的平均值;C_s 为场地系数。

为了方便实际工程中的应用,将速度放大系数谱 $\beta_V(T)$ 转化成基于 PGA 指标的设计加速度反应谱。根据拟速度反应谱和拟加速度反应谱之间的关系,即

$$S_a(T, \zeta) = \omega S_v(T, \zeta) \tag{4.9}$$

可得等效加速度放大系数谱 $\beta_{Va}(T)$,即

$$\beta_{Va}(T) = \beta_V(T)\omega\,\text{PGV}/\text{PGA} \tag{4.10}$$

设计加速度反应谱 $S_{Va}(T, \zeta)$ 为

$$S_{Va}(T, \zeta) = C_R C_d A \beta_{Va}(T) \tag{4.11}$$

式中,$\omega = 2\pi/T$,PGV/PGA 为所选用的 226 条地震波的均值;C_R 和 C_d 分别为风险系数和阻尼调整系数。当阻尼比小于 0.05 时,不需要调整阻尼系数,即取为 1。当阻尼比大于等于 0.05 时,阻尼调整系数可以根据《公路桥梁抗震设计细则》(JTGT B02－01—2000)5.2.4 条规定的公式计算。A 为考虑不同抗震设防烈度对应的设计基本地震波加速度峰值,可根据《公路桥梁抗震设计细则》(JTGT B02－01—2000)3.2.2 条的规定取值。

4.2.2　已有的近断层地震波反应谱改进

杨华平等基于近断层地震波记录提出近断层地震波反应谱,对位于近断层区域的结构抗震设计具有十分重要的意义。然而该近断层反应谱尚存在以下局限:近断层反应谱中的参数 PGV/PGA 和 Ω 是根据其所选择的近断层脉冲型地震波记录库中的地震记录计算得到

的。杨华平等对于近断层地震数据库的筛选采用 Baker 法,根据 Baker 法识别出的脉冲地震波记录库存在缺陷。因此,采用 Baker 法得到的近断层地震波加速度反应谱并不十分合理,故本书将基于两个参数进行重新拟合。

1.PGV/PGA 取值确定

对 PGV/PGA 进行拟合,用 Shahi－Baker 法识别出的近断层脉冲型地震波记录的数据库,计算出实际地震波记录的 PGV/PGA 的值。图 4.11 是实际地震波记录的 PGV/PGA 计算值的频数分布图。

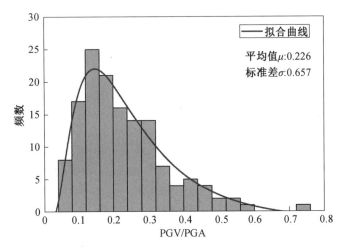

图 4.11　PGV/PGA 的频数分布图

对 PGV/PGA 的频数直方图做非线性曲线拟合,拟合曲线如图 4.11 所示。拟合结果显示 PGV/PGA 服从对数正态分布,其模型为 $\ln X \sim N(0.226, 0.657^2)$。故将杨华平等提出的近断层设计反应谱的 PGV/PGA 的值修正为 0.226。

2.Ω 拟取值确定

杨华平等提出的近断层设计反应谱中的 Ω 是根据 Ⅱ 类和 Ⅲ 类场地各地震波记录计算的,本书采用选出的 141 组实际的近断层脉冲型地震波记录计算 Ω 的值。计算出速度放大系数谱的最大值 $\beta_{v, max}$。图 4.12 速度放大系数谱的最大值的分布图是速度放大系数谱的最大值的频数分布直方图,对其进行非线性曲线拟合,拟合结果如图 4.12 所示。拟合结果显示,速度放大系数谱的最大值服从对数正态分布,模型为 $\ln X \sim N(2.157, 0.166^2)$。故将文献(杨华平,2018)中的 Ω 值修正为 2.157。

因此,本书近断层地震波设计反应谱即将杨华平等的 PGV/PGA 和 Ω 值分别修正为 0.226 0 和 2.157。

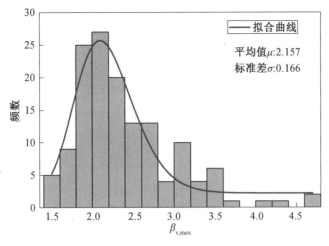

图 4.12　速度放大系数谱的最大值的分布图

4.3　基于谐波法的近断层地震动拟合方法改进

4.3.1　地震波基本拟合方法

在介绍基于 FFT 法的近断层地震波基本拟合方法前,先简单介绍一下高频成分的模拟以及低频成分的模拟方法。

首先,关于高频成分的模拟,2.2 节已简单介绍了基于 FFT 法得到地震波时程的过程并结合算例进行补充介绍,2.2 节介绍的基于 FFT 法得到的地震波时程作为高频成分,前面的介绍便于读者对下面基于 FFT 法的近断层地震波基本拟合方法的理解。

其次,低频成分的模拟,是用等效速度脉冲模型来模拟低频速度脉冲时程,然后通过对低频速度脉冲时程进行求导得到低频加速度时程。最后将拟高频加速度时程与低频加速度时程在时域上叠加,得到近断层脉冲型地震波。

目前,在近断层脉冲型地震波的模拟中,将低频脉冲成分和高频成分分开模拟再从时域上进行叠加是应用较为广泛的方法。其中,2.2 节介绍的基于 FFT 法得到地震波时程作为高频成分,并将其进行低频滤波处理,即得到拟高频成分,低频脉冲成分可以采用等效速度脉冲模型模拟,故此方法又称为基于 FFT 法的近断层地震波拟合方法。该方法模拟近断层脉冲型地震波的步骤如下:

(1)基于 FFT 法得地震波时程作为高频成分,并将其进行低频滤波处理,即得到拟高频成分,为了便于叙述,将低频滤波处理后的地震波加速度时程称为拟高频加速度时程。

(2)基于脉冲模型得到地震波低频成分。

(3)将高频成分与低频成分按一定的原则进行叠加,即得到近断层地震波。其中,高频成分采用 FFT 法进行拟合。

根据以上基于高低频叠加的地震波拟合思路,拟合的近断层脉冲型地震波可以考虑场地条件、地震波参数等影响因素。值得一提的是,拟高频加速度时程可以根据 FFT 法合成,也可以采用某条实际非脉冲地震波,对其用 FFT 法调整拟合目标谱得到。低频加速度时程可以根据等效速度脉冲模型得到,也可以将实际脉冲地震波记录作为低频加速度时程。基于 FFT 法的近断层地震波拟合思路具体如图 4.13 所示。

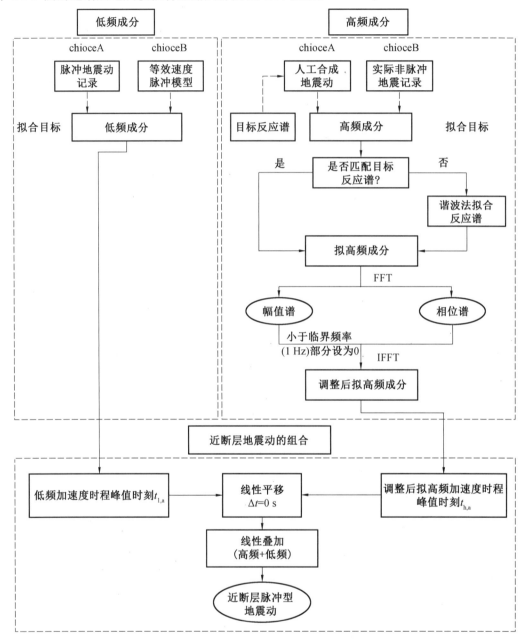

图 4.13 基于 FFT 法的近断层地震波拟合思路

目前基于高低频叠加的地震波拟合方法可较方便地满足各种场地条件的高频成分。由于远场地震波拟合思路已被地震工程研究者所熟知,基于此方法改进的近断层地震波拟合思路目前被地震工程研究者广泛应用于近断层脉冲型地震波的拟合。因为此方法可以人工合成满足各种场地条件的地震波。但是从研究结果来看,将高频成分与低频成分分开模拟再叠加的方法有一定的准确性。但也存在一些问题,即对于等效速度脉冲模型参数的取值没有一个确定的标准;用普通远场地震波的反应谱作为目标谱来合成近断层脉冲型地震波也是需要改进的地方;基于强度包络函数得到的近断层地震波时程无法反映近断层地震波的时频非平稳特性;等。

4.3.2　地震波基本拟合方法算例

根据 4.3.1 节的拟合方法,本算例以某具体的场地条件和地震波参数为例,来说明目前常用的近断层脉冲型地震波的拟合思路的实现及拟合结果。

拟合目标:工程场地类别为 Ⅱ 类场地;地震分组为第三组($T_g = 0.45$ s);抗震设防烈度为 7 度;矩震级为 6.5 级;结构阻尼比为 0.05;50 年超越概率为 10%(重现期 475 年)对应的设计基本地震波峰值加速度为 $0.15g$;A 类公路桥梁 E1 地震作用的近断层脉冲型地震波。

高频成分采用上面介绍的基于 FFT 合成法得到地震波时程的算例结果图。低频成分采用改进的等效速度脉冲模型(简称:改进 Tian 模型)来模拟低频速度脉冲时程,改进 Tian 模型为

$$v(t) = \frac{V_p \omega(t) \cos[2\pi f_p(t-t_1)]}{\max\{|\omega(t)\cos[2\pi f_p(t-t_1)]|\}} \quad (0 \leqslant t \leqslant T) \tag{4.12}$$

式中,$\omega(t)$ 为包络函数,用下式计算:

$$\omega(t) = \exp\left\{-\left[\frac{2\pi f_p}{\gamma}(t-t_0)\right]^2\right\} \tag{4.13}$$

V_p 为脉冲速度峰值;f_p 为脉冲频率;t_1 为余弦函数峰值发生时刻;T 为结构自振周期;γ 为衰减速率;t_0 为包络函数峰值发生时刻。

拟合过程:本程序合成时,根据 4.3.1 节的拟合方法,拟合过程也分为高频成分拟合、低频成分拟合及近断层脉冲型地震波拟合三部分进行详述。

(1)高频成分拟合。

本算例是基于 FFT 合成法得到地震波时程作为高频成分,上面已通过算例介绍了基于 FFT 合成法得到地震波时程的过程,在得到拟高频成分之前,要将高频成分的低频带成分除去,并将其进行低频滤波处理,即得到拟高频成分。

高频成分的傅里叶幅值谱如图 4.14(a)所示,置零后得到的仅高频成分的傅里叶幅值谱如图 4.14(b)所示。

基于高频成分的相位谱和置零后的傅里叶幅值谱,进行快速傅里叶逆变换拟合得到拟高频成分,将拟高频成分曲线绘制于图 4.15。

(2)低频成分拟合。

低频成分的模拟,是用等效速度脉冲模型来模拟低频速度脉冲时程,然后通过求导低频速度脉冲时程得到低频成分,最后将拟高频成分与低频成分在时域上叠加,得到近断层脉冲型地震波。

针对本算例,上述等效速度脉冲模型参数的取值分别为:$T = 20$ s、$V_p = 60$ cm/s、$t_0 =$

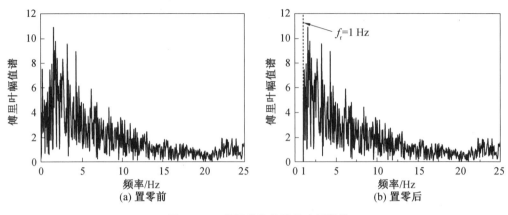

图 4.14　高频成分的傅里叶幅值谱

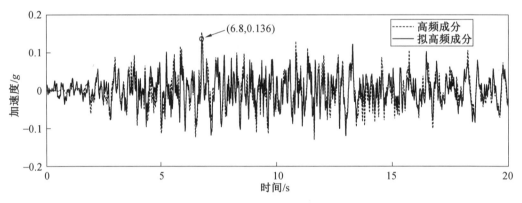

图 4.15　拟高频成分和高频成分曲线

5 s、$t_1 = 5.6$ s、$\gamma = 3$，代入式(4.18)和式(4.19)得到低频速度脉冲时程，如图 4.16 所示。

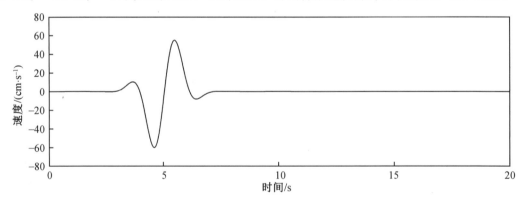

图 4.16　低频速度脉冲时程曲线

将上述低频速度脉冲时程求导，得到低频成分，如图 4.17 所示。

（3）近断层脉冲型地震波拟合。

拟高频成分峰值时刻 $t_{h,a} = 6.8$ s（图 4.15），低频成分峰值时刻 $t_{l,a} = 5.04$ s（图 4.17）。所以 $\Delta t = 6.8$ s $- 5.04$ s $= 1.76$ s。平移前后的低频成分如图 4.18 所示。

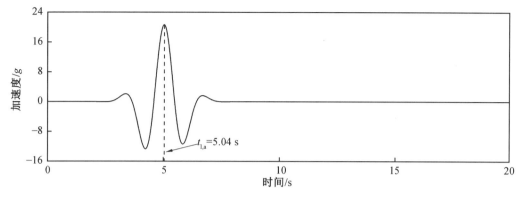

图 4.17　　低频成分曲线

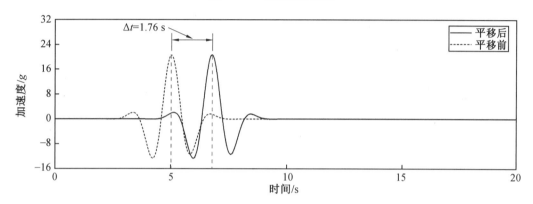

图 4.18　　平移前后低频成分曲线

最后,将生成的拟高频成分和生成的低频成分在时域上进行线性叠加,得到近断层脉冲型地震波。图 4.19(a)、图 4.19(b) 和图 4.19(c) 分别是它的加速度时程、速度时程和位移时程图。

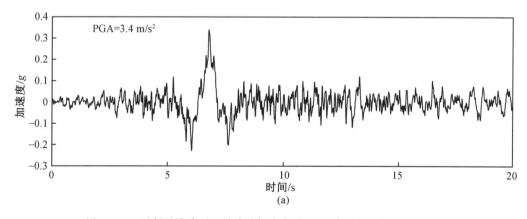

(a)

图 4.19　　近断层脉冲型地震波的加速度时程、速度时程和位移时程曲线

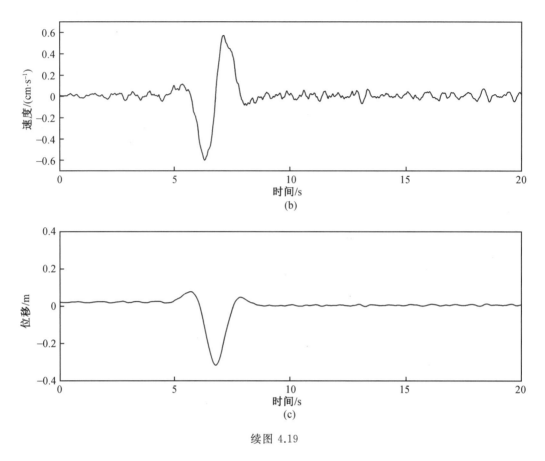

续图 4.19

根据本算例的拟合过程可以发现,基于 FFT 法的近断层地震波基本拟合方法算例所用的方法存在以下几点不足:

(1)在模拟高频成分时,通常选用规范反应谱作为拟合目标谱。然而,目前的规范反应谱为大量远场实际地震记录得到的统计反应谱,因此,以"远场反应谱"为目标得到的高频成分的频谱特性会与实际近断层地震波有较大的差别。

(2)在模拟高频成分时,相位谱通常使用 $0 \sim 2\pi$ 的随机数(称为随机相位谱)。拟合得到的加速度时程是时域非平稳的,需要进行人工非均匀调制(即乘"强度包络函数")。其中,"强度包络函数"为学者们基于大量远场地震记录的统计拟合结果。此"强度包络函数"在近断层地震波拟合中的适用性有待进一步探讨,因此,需再进一步探讨在近断层地震波的高频成分模拟过程中合适的相位谱模型。

(3)在模型低频成分时,目前常用的脉冲模型均未考虑不同断层破裂机制的影响。国内外的大量研究发现,不同的断层破裂机制(向前方向性和滑冲型)会产生不同类型的脉冲型地震波。因此,在近断层地震波拟合过程中,需要进一步完善低频脉冲模型,以考虑各种不同断层破裂机制的影响。

(4)在高频成分和低频成分叠加过程中,目前通常简单进行按峰值同时刻进行叠加处理,即认为高频加速度时程和低频加速度时程的峰值是同时出现的。但是,本书(第 2 章)对大量实际近断层地震波记录的统计分析表明,高频成分和低频成分的峰值绝大部分都不是同时出现的。因此,近断层地震波拟合过程中高频成分和低频成分的叠加时间需再进行更细致的研究和探讨。同时,目前对于高频和低频的临界频率的定义还没有较严谨的定义(简单定义为 1 Hz),也需要进行更细致的讨论。

4.3.3　地震波改进拟合方法

由于基于 FFT 法的近断层地震波拟合过程存在诸多局限,本节提出的基于 FFT 法的近断层地震波改进拟合方法,分别对以下四个方面进行改进。本节将先简单介绍在每个方面的改进思路,以便更方便去理解基于 FFT 法的近断层地震波改进拟合方法。

首先,针对第一个局限,即目标反应谱的问题。在用 FFT 法合成地震波的过程中,目标反应谱是一个关键的参数。早在 20 世纪 80 年代,陈永祁等就开始用拟合规范反应谱的方法来生成近断层脉冲型地震波。在这之后的很多学者以规范反应谱或者给定的反应谱作为目标谱,进行反应谱拟合,生成加速度时程。由于目前尚无成熟的近断层反应谱,因此已有的研究均是以基于远场地震记录的规范反应谱作为目标谱。然而,由于目前规范反应谱并不能反映近断层脉冲型地震波对结构的影响,因此,用规范反应谱作为目标谱拟合的近断层脉冲型地震波高频成分,无法准确反映近断层地震波的实现频谱特性。针对此问题,杨华平等基于近断层地震波记录提出了近断层地震波反应谱,在本书 4.2.1 节详细介绍了杨华平等提出的近断层地震波反应谱。但由于此近断层地震波反应谱在选取脉冲型地震波数据库时是采用 Baker 法,本书在 4.1.1 节已详细介绍了 Baker 法的缺陷以及通过算例进行了 Shahi—Baker 法和 Baker 法的比较,算例结果证明 Shahi—Baker 法能更准确地识别及判定脉冲型地震波记录,故在 4.2.2 节本书对已有的近断层地震波反应谱的一些关键参数进行了重新拟合并且提出了本书的近断层地震波反应谱。故针对第一个局限性,采取本书提出的近断层地震波反应谱更能准确反映近断层地震波的频谱特性。

其次,针对第二个局限,即随机相位谱的问题。基于强度包络函数得到的近断层地震波时程无法反映近断层地震波的时频非平稳特性。随机相位谱在模拟高频成分时,使用 $-2\pi \sim 2\pi$ 上均匀分布的相位谱,用一组随机数来表示地震波的相位谱需要乘"强度包络函数"。但是,通过对基于随机相位谱生成的地震波加速度时程曲线研究发现,用随机相位谱拟合生成的加速度时程再用包络函数调整,只能实现时域非平稳,不能实现频域非平稳,所以随机相位谱不完全适合近断层地震波的高频成分拟合过程。我国的地震工程研究者赵凤新进一步揭示相位差谱是如何影响地震波时程的外包线形状的。其研究结论是当相位差谱的统计特性独立于频率时,地震波时程是频率平稳的,其强度非平稳性主要是由相位差谱控制。相位差谱的均值决定了由幅值谱描述的地震波能量在时域上的集中部位,相位差谱的方差则决定了能量在时域上的集中程度。如果保持相位差谱不变,改变幅值谱将不影响强度函数的形状;当相位差谱的统计特性依赖于频率时,则地震波时程是时频非平稳的。因此采用相位差谱拟合的近断层脉冲型地震波的高频加速度时程不需要进行均匀调制就具有很强的时域和频域非平稳性。这与实际地震波的时频非平稳的特性更加吻合。

针对第三个局限,即低频成分等效速度脉冲模型问题。通过大量研究发现,不同的断层破裂机制会产生不同类型的脉冲型地震波,所以使用单一的等效速度脉冲模型来模拟人工近断层脉冲型地震波的低频成分是不够全面的,因此使用单一的等效速度脉冲模型生成的地震波不能完全符合实际情况的地震波。不同的断层破裂机制会产生不同类型的脉冲型地震波。目前,工程界最感兴趣的是由滑冲效应和向前方向性效应这两种断层破裂机制导致的近断层脉冲型地震波。国内外的地震工程研究者基于对实际地震波记录的研究,发现了不同断层破裂机制产生的地震波时程(位移时程、速度时程和加速度时程)的波形与断层破裂机制之间的关系,并提出了可以模拟由这两种断层破裂机制产生的脉冲型地震波的数学模型。提出的模型不仅可以用来人工合成脉冲型地震波,而且还可以用来研究结构在脉冲地震波作用下的响应。因此采用可以模拟不同断层破裂机制的脉冲型地震波的数学模型生成的地震波更能够符合实际情况的地震的地震波。

最后,针对第四个局限,高低频成分叠加临界频率的定义问题。以往在合成近断层脉冲型地震波时,将临界频率 f_r 粗略地取为 1 Hz,但本书在 4.1.3 节中对实际地震波记录的临界频率 f_r 进行研究发现有相当多的地震波记录,其临界频率 f_r 的值不为 1 Hz,所以粗略将临界频率取为 1 Hz 不能完全代表实际情况的近断层地震波。本书在 4.1.3 节中对高频和低频的临界频率提出了明确的定义,该临界频率能够准确地区分高频成分和低频成分。本书在 4.1.2 节中通过对临界频率 f_r、震级 M_w 和脉冲周期 T_p、脉冲峰值时刻 $t_{1,v}$ 四个参数进行相关性分析发现临界频率 f_r 与脉冲周期 T_p 具有极强的负相关性,该定义正是对临界频率 f_r 和脉冲周期 T_p 进行了最小二乘法拟合得到的统计规律,更合理更接近真正的临界频率值,因此采用本书的临界频率定义生成的近断层地震波更符合实际情况的地震波。

上述是对 4.3.1 节基于 FFT 法的近断层地震波基本拟合方法中的不足的分点介绍,并提出了本节基于 FFT 法的近断层地震波基本拟合改进方法的重要内容的论述,即四个局限的相应改进,基于对以上改进点,本节的近断层地震波基本拟合改进方法的步骤也可以分为三个模块,即模块一:高频成分拟合;模块二:低频成分拟合;模块三:脉冲型地震拟合。该方法模拟近断层脉冲型地震波的步骤如下。

(1)模块一:高频成分拟合。

步骤 S1:拟合近断层地震波反应谱函数 $S_{va}(T,\zeta)$。

步骤 S1.1:根据下式求出速度放大系数设计谱 $\beta_v(T)$:

$$\beta_{\mathrm{V}}(T)=\begin{cases}\beta_{\mathrm{mm}}\left(0.714\dfrac{T}{T_{\mathrm{g}}}-0.004\right) & \left(0.01<\dfrac{T}{T_{\mathrm{g}}}\leqslant 1\right)\\[2mm]\beta_{\mathrm{mm}}\left(0.362\,5\dfrac{T-T_{\mathrm{g}}}{T_{\mathrm{p}}-T_{\mathrm{g}}}+0.71\right) & \left(0<\dfrac{T-T_{\mathrm{g}}}{T_{\mathrm{p}}-T_{\mathrm{g}}}\leqslant 0.8\right)\\[2mm]\beta_{\mathrm{mm}}\left(1.36-0.45\dfrac{T-T_{\mathrm{g}}}{T_{\mathrm{p}}-T_{\mathrm{g}}}\right) & \left(0.8<\dfrac{T-T_{\mathrm{g}}}{T_{\mathrm{p}}-T_{\mathrm{g}}}\leqslant 1\right)\\[2mm]0.91\beta_{\mathrm{mm}}\left(\dfrac{1}{T/T_{\mathrm{g}}}\right)^{1.33} & \left(1<\dfrac{T}{T_{\mathrm{p}}}\leqslant 10\right)\end{cases} \qquad (4.14)$$

式中,β_{mm} 为各类场地上的拟速度均值谱峰值,根据下式确定:

$$\beta_{\mathrm{mm}}=\Omega C_{\mathrm{s}} \qquad (4.15)$$

其中,Ω 的取值为 2.157,该数值是 4.2.2 节重新拟合的 Ω 值。$\beta_{\mathrm{V}}(T)$ 为速度放大系数设计谱;T_{g} 为反应谱的特征周期;T_{p} 为脉冲周期;T 为结构自振周期;Ω 为各脉冲地震波记录速度放大系数谱最大值的平均值。

步骤 S1.2:根据下式得等效加速度放大系数谱 $\beta_{\mathrm{Va}}(T)$:

$$\beta_{\mathrm{Va}}(T)=\frac{\mathrm{PGV}}{\mathrm{PGA}}\beta_{\mathrm{V}}(T)\omega \qquad (4.16)$$

式中,$\beta_{\mathrm{Va}}(T)$ 为等效加速度放大系数谱;ω 为结构自振频率;PGV/PGA 为峰值地面速度与峰值地面加速度的比值。其中,PGV/PGA 的取值为 0.226,该数值是 4.2.2 节重新拟合的 Ω 值。

步骤 S1.3:根据式(4.16)求得近断层地震波反应谱函数 $S_{\mathrm{Va}}(T,\zeta)$,即

$$S_{\mathrm{Va}}(T,\zeta)=C_{\mathrm{R}}C_{\mathrm{d}}A\beta_{\mathrm{Va}}(T) \qquad (4.17)$$

式中,$S_{\mathrm{Va}}(T,\zeta)$ 为近断层地震波反应谱函数;C_{R} 为风险系数;C_{d} 为阻尼调整系数。

步骤 S2:根据步骤 S1 得到的近断层地震波反应谱函数,代入场地条件信息得到目标加速度反应谱 $Sa^{\mathrm{T}}(\xi,\omega)$。

步骤 S3:根据下式得到目标功率谱 $S(\omega)$:

$$S(\omega)=\frac{\xi}{\pi\omega}\left[Sa^{\mathrm{T}}(\xi,\omega)\right]\frac{1}{-\ln\left[-\dfrac{\pi}{\omega T}\ln(1-\lambda)\right]} \qquad (4.18)$$

式中,$Sa^{\mathrm{T}}(\xi,\omega)$ 为目标加速度反应谱;$S(\omega)$ 为目标功率谱;ξ 为阻尼比;ω 为结构自振频率;T 为结构自振周期;λ 为超越概率。

步骤 S4:根据下式求得临界频率 f_{r}:

$$f_{\mathrm{r}}=1.72T_{\mathrm{p}}^{-1} \qquad (4.19)$$

式中,T_{p} 为脉冲周期。

步骤 S5:根据式(4.20)得到傅里叶幅值谱 $A(\omega)$。

功率谱和傅里叶幅值谱的数学关系如下:

$$\Delta\omega=2\pi\times f_{\mathrm{r}}\times \mathrm{FFT}\ 长度$$

$$A(\omega) = [\Delta\omega \cdot S(\omega)]^{\frac{1}{2}} \tag{4.20}$$

式中，$A(\omega)$ 为傅里叶幅值谱；$\Delta\omega$ 为频率间隔。

步骤 S6：根据相位差谱模型由相位差计算相位角的方法计算相位谱。

步骤 S7：将步骤 S5 得到的傅里叶幅值谱与步骤 S6 得到的相位谱结合，做傅里叶逆变换，取变换结果的实部作为拟高频加速度时程。

步骤 S8：求计算谱和目标加速度反应谱的平均相对误差，并判断其是否小于 5%。若平均相对误差大于 5%，则计算目标加速度反应谱与计算谱的比值，调整傅里叶幅值谱，回到步骤 S7；若平均相对误差小于等于 5%，则输出高频加速度时程。

步骤 S9：得到近断层地震波时程的高频成分 $A^h(t)$。对步骤 S8 输出的高频加速度时程做傅里叶变换，将频率区间 $[0, f_r]$ 所对应的傅里叶幅值谱的值设为零，再经过傅里叶逆变换得到近断层地震波时程的高频成分 $A^h(t)$。

（2）模块二：低频成分拟合。

步骤 S10：根据式（4.21）求脉冲周期 T_p，根据式（4.22）求脉冲峰值 V_p，根据式（4.23）求脉冲峰值时刻 $t_{1,v}$。

$$\ln T_p = -6.45 + 1.11 M_w \tag{4.21}$$

$$\ln V_p = 3.680 + 0.065 M_w + 0.025 \ln R \tag{4.22}$$

$$\ln t_{1,v} = 1.35 M_w - 6.88 \tag{4.23}$$

式中，T_p 为脉冲周期；V_p 为脉冲峰值；$t_{1,v}$ 为脉冲峰值时刻；R 为断层距；M_w 为矩震级。

步骤 S11：模拟滑冲型近断层脉冲型地震提出近断层脉冲型地震的速度时程 v_{gA} 为

$$v_{gA} = \frac{V_p}{2} - \frac{V_p}{2}\cos\omega_p t \quad (0 \leqslant t \leqslant T_p) \tag{4.24}$$

模拟向前方向性效应提出近断层脉冲型地震速度时程 v_{gB} 为

$$v_{gB}(t) = V_p \sin\omega_p t \quad (0 \leqslant t \leqslant T_p) \tag{4.25}$$

式中，v_{gA} 为模拟滑冲型近断层脉冲型地震速度时程；v_{gB} 为模拟向前方向性效应近断层脉冲型地震速度时程；V_p 为脉冲峰值；T_p 为脉冲周期；ω_p 为脉冲频率。

步骤 S12：由步骤 S11 得到的速度时程 v_{gA} 进行求导得到加速度时程 α_{gA}，如式（4.26）所示。由步骤 S11 得到的速度时程 v_{gA} 进行积分求得位移时程 d，如式（4.27）所示。

$$\alpha_{gA} = \omega_p \frac{V_p}{2}\sin\omega_p t \quad (0 \leqslant t \leqslant T_p) \tag{4.26}$$

$$\alpha_{gA} = \frac{V_p}{2}t - \frac{V_p}{2\omega_p}\sin\omega_p t \quad (0 \leqslant t \leqslant T_p) \tag{4.27}$$

式中，T_p 由式（4.27）和式（4.24）的最大值相除确定，即

$$T_p = 2\frac{|d_{gA}|_{\max}}{|v_{gA}|_{\max}}$$

由步骤 S11 得到的速度时程 v_{gB} 进行求导得到加速度时程 α_{gB}，如式（4.28）所示。由步

骤 S11 得到的速度时程 v_{gB} 进行积分求得位移时程 d_{gB}，如式（4.29）所示。

$$\alpha_{gB}(t) = \omega_p V_p \cos \omega_p t \quad (0 \leqslant t \leqslant T_p) \tag{4.28}$$

$$d_{gB}(t) = \frac{V_p}{\omega_p} - \frac{V_p}{\omega_p} \cos \omega_p t \quad (0 \leqslant t \leqslant T_p) \tag{4.29}$$

式中，α_{gA} 为模拟滑冲型近断层脉冲型地震加速度时程；d_{gA} 为模拟滑冲型近断层脉冲型地震位移时程；α_{gB} 为模拟向前方向性效应近断层脉冲型地震加速度时程；d_{gB} 为模拟向前方向性效应近断层脉冲型地震位移时程；V_p 为脉冲峰值；T_p 为 0 脉冲周期；ω_p 为脉冲频率，由 $\omega_p = 2\pi / T_p$ 确定；T_p 由式（4.29）和式（4.25）的最大值相除确定，即

$$T_P = \pi \frac{|d_{gB}|_{\max}}{|v_{gB}|_{\max}}$$

步骤 S13：得到近断层地震波时程的低频成分 $A^l(t)$。将步骤 S12 得到的低频加速度时程在频率区间为 $[f_r, \infty)$ 所对应的傅里叶幅值谱的值设为零，再经过傅里叶逆变换得到近断层地震波时程的低频成分 $A^l(t)$。

（3）模块三：脉冲型地震拟合。

步骤 S14：计算由步骤 S9 得到的近断层地震波时程的高频成分 $A^h(t)$ 峰值时刻 $t_{h,a}$，即

$$\ln t_{h,a} = 1.35 M_W - 6.88 \tag{4.30}$$

式中，M_w 为矩震级；$t_{h,a}$ 为近断层地震波时程的高频成分 $A^h(t)$ 峰值时刻。

步骤 S15：计算由步骤 S13 得到近断层地震波时程的低频成分 $A^h(t)$ 峰值时刻 $t_{l,a}$，即

$$\ln t_{la} = 1.35 M_W - 6.88 \tag{4.31}$$

式中，M_w 为矩震级；$t_{l,a}$ 为近断层地震动时程的低频成分 $A^l(t)$ 峰值时刻。

步骤 S16：由步骤 S14 得到的高频峰值时刻 $t_{h,a}$ 和步骤 S15 得到的峰值时刻 $t_{l,a}$ 求得高低频峰值时刻差 Δt，即

$$\Delta t = t_{h,a} - t_{l,a} \tag{4.32}$$

步骤 S17：把近断层地震波时程的低频成分 $A^l(t)$ 在时间轴上平移 Δt，得到新的近断层地震动时程的低频成分 $A^{ll}(t)$。

步骤 S18：将由步骤 S17 得到新的近断层地震波时程的低频成分 $A^{ll}(t)$ 与步骤 S9 得到近断层地震波时程的高频成分 $A^h(t)$ 在时域进行叠加，得到近断层脉冲型地震波 $A(t)$。

图 4.20 为上述基于 FFT 法的近断层地震波改进拟合方法的流程图。

其中，以上合成程序的关键部分之一为高频成分的生成。本书通过 MATLAB 软件编程实现近断层脉冲型地震波的生成，其中关键部分的高频成分的生成的程序编写流程如图 4.21 所示。

4.3.4　地震波改进拟合方法算例

根据 4.3.3 节的拟合方法，本算例以某具体的场地条件和地震波参数为例，来说明本书提出的近断层脉冲型地震波改进拟合思路的实现及拟合结果。

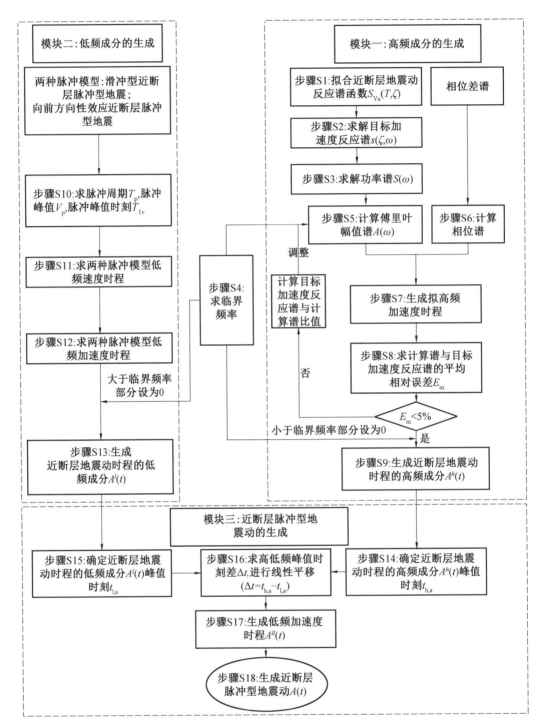

图 4.20　基于 FFT 法的近断层地震波改进拟合方法流程图

拟合目标:工程场地类别为Ⅱ类场地;地震分组为第三组($T_g = 0.45$ s);抗震设防烈度为 7 度;矩震级为 6.5 级;结构阻尼比为 0.05;50 年超越概率为 10%(重现期 475 年)对应的设计基本地震波峰值加速度为 $0.15g$;A 类公路桥梁 E1 地震作用的近断层脉冲型地震波。

```
读入时域、频域参数以及目标反应谱数据
fni=input('输入时域，频域参数的文件名:',
's');
Mw = fscanf(fid,'%f',1);ld =
fscanf(fid,'%f',1);
site = fscanf(fid,'%f',1);fs =
fscanf(fid,'%f',1); kesi = fscanf(fid,'%f',1);p
= fscanf(fid,'%f',1);
  D = fscanf(fid,'%f',1);tl = fscanf(fid,'%f',1);
  tatus = fclose(fid);
```

```
计算规范反应谱
T = [0.04:0.04:1.5,1.52:0.01:6.5,7:0.5:10];
P = 50;        [S_code , ~] =
Improved(T,kesi,Mw,ld,site,P);
S1 = [T;S_code];
F = 1./T;
S2 = [F;S_code];
S = fliplr(S2);
```

```
根据目标反应谱计算对应的近似功率谱
a1 = a0;
s = zeros(1,nfft/2 + 1);
k = nb:ne;
s(k) = 2*kesi/pi.*(a1(k).^2)./f(k)./(-2*log(-
(log(p)*pi/tl)./f(k)));
glp = s;
```

```
计算傅里叶幅值谱
b1 = sqrt(4*domiga*s)*nfft/2;
fzp = b1;
```

```
计算傅里叶相位谱
```

```
计算加速度反应谱传递函数矩阵
hf = zeros(ne,nfft);
for j = 0:ne-1
  w = 2*pi*df*j;wd = w*sqrt(1-kesi*kesi);
  e = exp(-t.*w*kesi);  a = t.*wd;
  s = sin(a).*((1-2*kesi*kesi)/(1-
kesi*kesi));
  c = cos(a).*(2*kesi/sqrt(1-kesi*kesi));
  h = wd*e.*(s+c)/fs; hf(j+1,:) = fft(h,nfft);
end
```

```
生成拟高频加速度时程
```

```
生成近断层脉冲型地震动高频成分
```

```
计算傅里叶相位谱：
[~,p]=sort(b1,'descend'); deltafai=zeros(1,mm);
deltafai(p(1:num1))=fai_L(1:num1);
deltafai(p(num1+1:mm-num2))=fai_I(1:num3);
deltafai(p(mm-num2+1:mm))=fai_s(1:num2);
fai(1)=0;
fai(nfft/2+1)=0;
for i=1:mm
    fai(i+1)=fai(i)+deltafai(i);
    if fai(i+1)<0 fai(i+1)=fai(i+1)+2*pi; end
    if fai(i+1)>2*pi fai(i+1)=fai(i+1)-2*pi;end
end save 相位差谱的相位谱.mat fai
```

```
拟高频加速度时程的生成：
yf = fft(y,nfft);
for j = 1:ne d = ifft(yf.*hf(j,:),nfft); a1(j) =
max(real(d(1:nt)));  end if abs(Em) > 0.05
  for ii = nb:ne Ek(ii) = (a1(ii) - a0(ii))/a0(ii);  end
    Em = sum(Ek)/ne; else
  figure(1); subplot(2,1,1); plot(t,y);
title('加速度时程'); xlabel('时间 (s)');
ylabel('加速度(g)');  grid on subplot(2,1,2);
l = 1:ne; Tx = 1./f(l);spectra0 = [Tx;a0(l)];Spectra0 =
fliplr(spectra0);  spectra1 = [Tx;a1(l)];Spectra1 =
fliplr(spectra1);  plot(Spectra0(1,:),Spectra0(2,:),'--
b','LineWidth',1.1) hold on
plot(Spectra1(1,:),Spectra1(2,:),'-k','LineWidth',1.1)
hold off xlabel('周期(s)');ylabel('加速度(m/s^2)');
legend('目标谱','计算谱');grid on;  break;end
c=b1;j = nb:ne;  b1(j) = c(j).*a0(j)./a1(j);end figure(2)
plot(t,y);xlabel('时间（s）');ylabel('加速度（g）');
title('拟高频加速度时程')
```

```
高频成分的生成：
YF = fft(y,nfft);
YB = 2*abs(YF(1:nfft/2))/nfft;
YS = YB.*conj(YB)/nfft;
figure(3);
semilogx(f(1:nfft/2),YB);
semilogx(f(1:nfft/2),YS);
b1 = abs(YF);zlq = b1(1:nfft/2);
semilogx(f(1:nfft/2),zlq);
title('置零前的傅里叶幅值谱')
ang = angle(YF);
subplot(212)
zjl = zlq;zjl(f<fr) = 0; zlh = zjl;
semilogx(f(1:nfft/2),zlh);
title('置零后的的傅里叶幅值谱')
d = [zlh,zlh(nfft/2:-1:1)];c = d.*exp(1i*ang);e =
ifft(c,nfft);
Ah = real(e(1:nt));
YF1 = fft(Ah,nfft);YB1 = 2*abs(YF1(1:nfft/2))/nfft;
figure(6)
plot(t,Ah);
xlabel('时间（s）');ylabel('加速度（g）');
title('近断层脉冲型地震动高频成分')
```

图 4.21　近断层脉冲型地震波高频成分生成的编写流程

目标反应谱采用4.2.2节修正的近断层反应谱,相位差谱模型选用文献(Thráinsson H, 2022)中统计得到的相位差谱模型;以合成滑冲效应的等效速度脉冲模型近断层脉冲型地震波为例。

本节依据待拟合的地震波参数,根据4.1.3节统计回归得到的计算脉冲周期的经验公式(式(4.2)),计算出脉冲周期的值为 $T_p = 2.15$ s,再由4.1.3节统计回归得到的计算临界频率的经验公式(式(4.6))计算出临界频率的值为 $f_r = 0.8$ Hz。

拟合过程:本程序合成时,根据4.3.3节的拟合方法,拟合过程也分为高频成分拟合、低频成分拟合及近断层脉冲型地震波拟合三部分进行详述。

(1)高频成分拟合。

本算例目标加速度反应谱曲线如图4.22所示。

图4.23显示的是经过5次迭代计算,平均相对误差为3.99%的计算谱和目标谱曲线图。从图4.23中可以看出,计算谱和目标谱在长周期段吻合程度很高。图4.24是经过5次迭代计算后生成的高频加速度时程曲线图。图4.25是高频加速度时程曲线和拟高频加速度时程曲线。

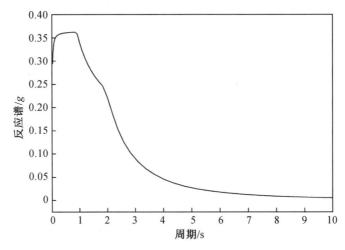

图4.22　目标加速度反应谱曲线

(2)低频成分拟合。

低频成分的模拟是用等效速度脉冲模型来模拟低频速度脉冲时程,然后通过对低频速度脉冲时程求导得到低频成分,最后将拟高频成分与低频成分在时域上叠加,得到近断层脉冲型地震波。本算例得到的低频成分如图4.26所示。

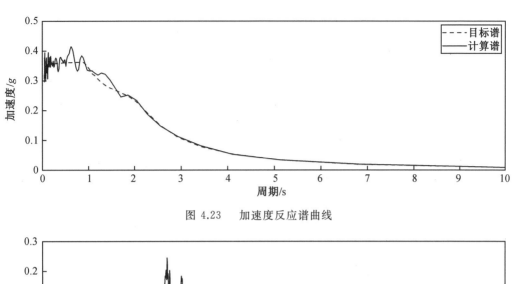

图 4.23　　加速度反应谱曲线

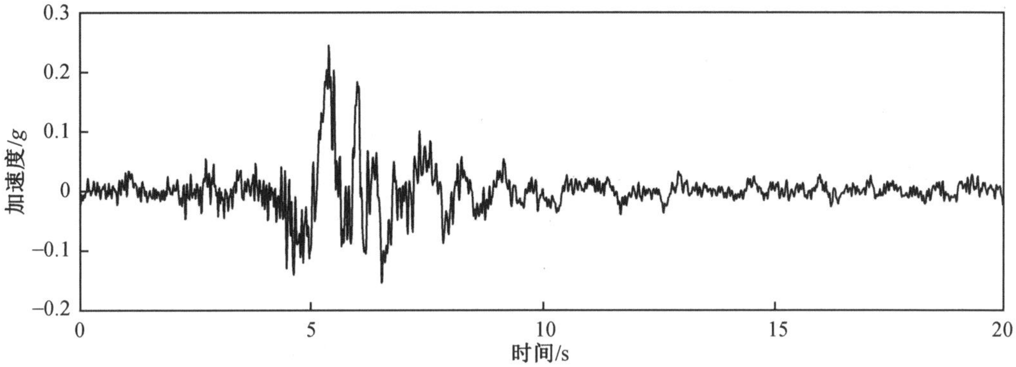

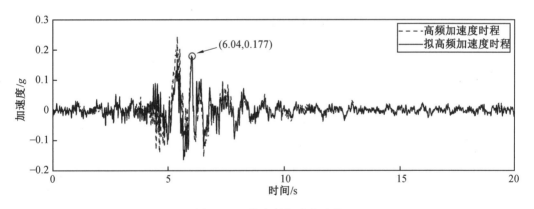

图 4.24　　高频加速度时程曲线

图 4.25　　拟高频加速度时程

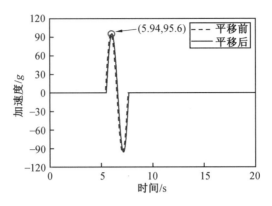

图 4.26 平移前后的近断层地震波低频成分

（3）近断层脉冲型地震波拟合。

从图 4.25 中可以看出 $t_{h,a}=6.04$ s；从图 4.26 中可以看出 $t_{l,a}=5.94$ s，所以 $\Delta t=t_{h,a}-t_{l,a}=0.1$ s。将图 4.25 中的高频加速度时程与图 4.26 中平移后的低频加速度时程叠加，得到近断层脉冲型地震波加速度时程，将其绘制于图 4.27。

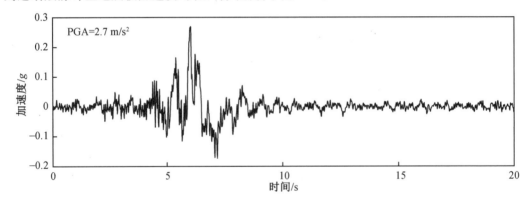

图 4.27 近断层脉冲型地震波加速度时程

此外，本书改进的方法有较快的收敛速度，一般经过 3～5 次迭代就能达到较高的拟合精度。因此，利用该方法可以快速生成具有相同统计特性的一组人工近断层脉冲型地震波。

基于此，本书针对目前基于 FFT 法的近断层地震波拟合方法（4.3.1 节），对其中的参数进行改进，扩展了该方法的适用范围，提出了改进参数后的新方法。总结结论如下：

（1）采用 4.2.2 节修正后的近断层反应谱作为目标谱拟合人工近断层脉冲型地震波的高频成分，这更能体现出近断层脉冲型地震波的高频成分的频谱特点。与规范反应谱作为目标谱相比，采用修正后的近断层反应谱拟合的人工近断层脉冲型地震波的反应谱最大增大了 26.86%。

（2）与随机相位谱相比，采用相位差谱拟合的人工近断层脉冲型地震波的高频加速度时程不需要进行均匀调制就具有很强的时域非平稳性，这与实际地震波的特点相符合。因此，建议使用相位差谱来拟合近断层脉冲型地震波的高频成分。

（3）与只有单一的等效速度脉冲模型相比，本章改进的新方法可以模拟两种不同断层破裂机制(向前方向性和滑冲效应)引发的近断层脉冲型地震波。数值算例表明:使用单一的等效速度脉冲模型来模拟人工近断层脉冲型地震波的低频成分是不够全面的,不同的断裂机制引发的近断层脉冲型地震波应该采用不同的等效速度脉冲模型来模拟。

(4)在合成近断层脉冲型地震波时,临界频率 f_r 粗略地取为 1 Hz,高低频加速度峰值时刻的差 Δt 则取为 0 s。本书 4.3.4 节研究结果表明:在模拟近断层脉冲型地震波时,不能粗略地将临界频率 f_r 取为 1 Hz,应该根据 4.1.3 节的统计公式,采用与拟建场地相匹配的临界频率 f_r。

4.4　基于小波理论的近断层地震动拟合

实际地震波是一种时频非平稳的随机过程。时频非平稳包括时域上的非平稳性和频域上的非平稳性两个方面,时域非平稳性表现在地震波的强度随时间不断变化,频域非平稳性表现在地震波频率成分随时间不断变化。基于傅里叶变换的 FFT 法合成的地震波只能表征出时域非平稳性,不能反映出地震波的频域非平稳性。傅里叶变换的天然缺陷导致它对时频非平稳的信号处理无能为力。近年来,时频分析理论的出现,很好地弥补了傅里叶变换不能处理非平稳信号的缺陷。随着时频分析理论的不断发展,越来越多的时频分析工具出现,例如:短时傅里叶变换、小波变换、S 变换和 Hilbert－Huang 变换。时频分析工具具有良好的时频局部化特性,不仅能够反映出信号的组成成分,而且还能反映出该成分出现的时间区间。本节将采用小波变换所具有的良好时频局部化特性,对地震波信号进行调整,以更真实地模拟实际地震波,为工程结构抗震分析提供更真实的人工地震波。本节将介绍基于小波理论的近断层地震波拟合方法。

4.4.1　基于连续小波变换的拟合方法

在介绍本节基于小波理论的近断层地震波基本拟合方法之前,本节首先以基于 FFT 法的近断层地震波拟合方法来模拟两个高低频叠加速度峰值时刻差 $\Delta t = -3$ s 和 $\Delta t = 3$ s 情况下拟合得到的两条地震波为例,其加速度时程曲线如图 4.28 所示,傅里叶幅值谱如图 4.29 所示。

从图 4.28 和图 4.29 中可以看出,在时域上,它们的波形差异很大,两条地震波的傅里叶幅值谱却是完全一样的。因此,传统傅里叶变化在识别地震波信号时具有一定的缺陷。

对以上两条地震波,采用 MATLAB 中小波工具箱中自带的 CWT 函数作出地震波加速度时程的时频谱,如图 4.30 所示。

从图 4.30 可以看出,$\Delta t = 3$ s 和 $\Delta t = -3$ s 的时频图在 5 s 附近和在 10 s 附近是不一样的。刚好与它们的时程特点($\Delta t = 3$ s 的峰值在 4 s 附近,$\Delta t = -3$ s 的峰值在 10 s 附近)相对应。综上所述,傅里叶变换不能反映出地震波时域上的差异,而小波变换则可以。因此,本节将采用小波变换来模拟近断层脉冲型地震波。

本书 2.4 节已详细介绍了采用连续小波变换的方法拟合目标反应谱生成地震波的加速度时程方法,因此本节不再重述该方法的具体思路,根据 2.4.2 节介绍的基于小波理论的拟

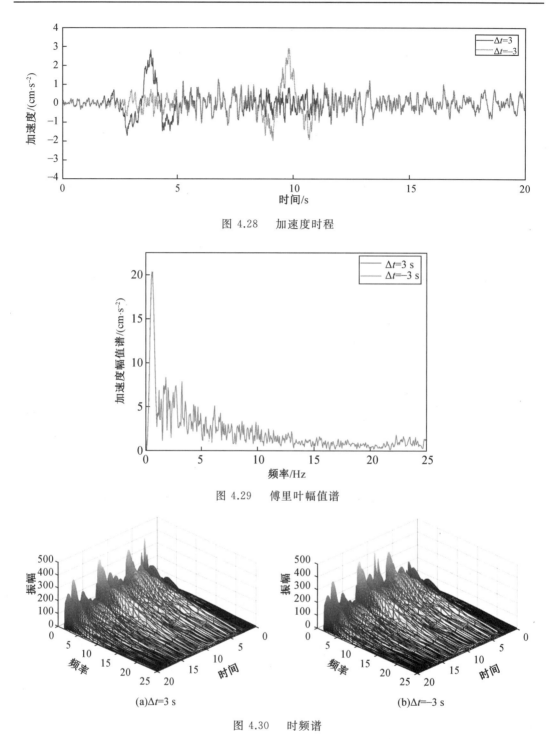

图 4.28　加速度时程

图 4.29　傅里叶幅值谱

(a)Δt=3 s

(b)Δt=−3 s

图 4.30　时频谱

合思路可以发现,通过连续小波变换的方法生成地震波的加速度时程方法可以通过伸缩和平移小波基函数,实现对信号的多尺度分析。除此之外,与傅里叶变换只有唯一的基函数（正弦函数）相比,小波变换的基函数（母小波函数）的可选择性就非常多了,只要满足可允许条件的函数均可作为基函数。

4.4.2　地震波拟合方法算例 1

根据 4.4.1 节的拟合方法,本算例以某具体的场地条件和地震波参数为例,来说明目前基于小波理论的近断层地震波基本拟合方法的实现及拟合结果。本节的拟合方法算例同 2.4.3 节,因此本节不再进行重述。本节将基于 2.4.3 节拟合结果着重说明采用 4.4.1 节的拟合方法对反应谱拟合的效果。

为了更加清楚地看出反应谱拟合的效果,将 2.4.3 节拟合得到的原始地震波的反应谱、目标谱和调整后地震波的反应谱绘制于图 4.31。图 4.32 是目标谱和满足平均相对误差的调整后地震波反应谱的误差散点图。

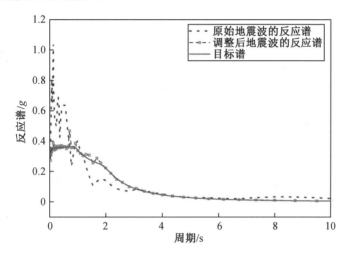

图 4.31　　原始波、目标反应谱和调整后地震波的反应谱

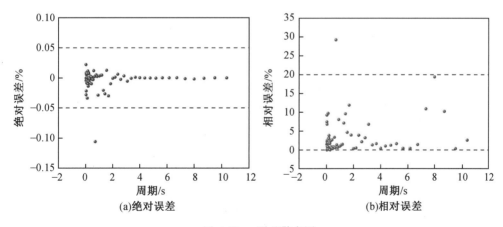

图 4.32　　误差散点图

从图 4.32(a) 中可以看出,调整后地震波的反应谱与目标谱相比,仅有一个周期点对应的反应谱相差超过 $0.05g$,约为 $0.11g$,与其相对应的相对误差接近 30%;其余的误差均在 $\pm0.05g$ 以内,对应的相对误差均在 20% 以内。

图 4.33 为原始波和拟合波的时频图,从图 4.33 中可以看出两者的时频特性很相似,说明经过反应谱拟合后,调整后的地震波具有与原始地震波相似的时频特性。

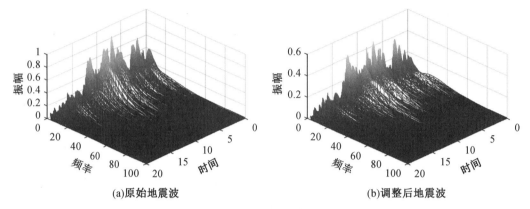

(a)原始地震波　　　　　　　　　　　　(b)调整后地震波

图 4.33　原始地震波和调整后地震波的时频图

4.4.3　基于离散小波变换的拟合方法

连续小波变换中的伸缩因子和平移因子都是连续变化的实数,在应用中需要计算连续积分,在处理数字信号时很不方便。在实际问题的数值计算中常常采用离散形式,即离散小波变换(DWT)。

在实际应用中,为了使小波变换的算法更加高效,通常构造的小波函数都具有正交性。从理论上可以证明,将连续小波变换离散成为离散小波变换,信号的基本信息不仅不会丢失,而且由于小波基函数的正交性,小波空间中两点之间因冗余度造成的关联得以消除;同时,因为正交性,计算的误差更小,变换结果时一频函数更能反映信号本身的性质。基于上述分析,本节将采用离散小波变换来调整地震波加速度时程。

除此之外,用调整实际地震波的方法来模拟近断层脉冲型地震波需要对实际地震波进行分解,然而 4.4.1 节拟合过程中并未确定最优分解层数,分解层数会很大程度影响低频成分所在频带的宽度,从而影响小波系数的精确度,因此,需要确定最优分解层数才可以生成更符合实际情况的地震波。

本节提出的基于离散小波变换的近断层地震波拟合方法是根据离散小波变换理论确定了最优分解层数而提出的一种新的拟合方法。针对最优分解层数的确定问题,本节将先简单介绍确定最优分解层数的过程,便于更方便去理解下文基于离散小波变换的近断层地震波改进拟合方法。

首先,以频带宽度为 100 Hz 的信号为例,当分解层数为 5 时,离散小波分解后小波系数与相应频带示意图如图 4.34 所示。该图表明了各阶小波系数与其相应的频带的频率范围的对应关系。

图 4.34 中 cA 和 cD 分别表示小波变换后的近似成分和细节成分的小波系数,后缀表示分解的层数。从图 4.34 中可知,信号的低频成分的频带应该要与 cA5 相对应,即信号的小波变换最后一层的近似成分为低频成分。根据小波系数与相应频带的关系可知:小波分解各层的近似成分的频带上限频率 f_{cAn} 根据下式计算:

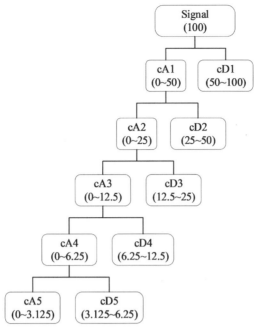

图 4.34　　小波系数与相应频带示意图

$$f_{\mathrm{cA}n} = f_{\mathrm{original}} \cdot \left(\frac{1}{2}\right)^{n} \tag{4.33}$$

式中，n 为分解的层数；f_{original} 为信号的频带范围。

为了减少信号的高频成分的影响，使信号的小波变换最后一层的频段为最小，且包含临界频率的频段；又考虑到小波变换的边缘效应，为了便于使用，认为超过小波系数频带长度一半的范围是失真的。根据上述要求，本书认为临界频率 f_{r} 应满足

$$f_{\mathrm{r}} \leqslant \frac{1}{2} f_{\mathrm{cA}n} \tag{4.34}$$

4.1.3 节已统计得到临界频率与脉冲周期的关系式(4.6)，可以进一步表述成

$$f_{\mathrm{r}} = 1.72 f_{\mathrm{p}} \tag{4.35}$$

式中，f_{p} 为 T_{p} 的倒数，称为脉冲频率。

结合式(4.33)、式(4.34)和式(4.35)可得到确定分解层数的计算公式，即

$$1.72 f_{\mathrm{p}} \leqslant f_{\mathrm{original}} \left(\frac{1}{2}\right)^{n+1} \tag{4.36}$$

为了便于使用，将式(4.36)近似为

$$f_{\mathrm{p}} \leqslant f_{\mathrm{original}} \left(\frac{1}{2}\right)^{n+2} \tag{4.37}$$

因此，可以用式(4.37)确定小波变换分解的层数。

根据信号的采样定理(见式(4.38))，地震波信号的最高频率分量与地震波信号的采样时间间隔有关，因此小波分解的层数 n 与地震波信号的采样时间间隔 Δt 有关，即与地震波信号的采样频率有关。

$$f_{\text{original}} \leqslant \frac{1}{2\Delta t} \tag{4.38}$$

式中，$f_{\max}$ 为信号的最高频率分量；Δt 为信号的采样时间间隔。

为了更好地理解本书提出的确定最优分解层数方法的优良性能，本节以 Imperial Valley－06 地震 El Centro 台站 270 方向分量（本节简称：原始波）为例，说明如何确定小波分解层数。该地震记录的采样频率为 200 Hz，脉冲周期 $T_p = 3.42$ s，则脉冲频率 $f_p = 0.29$ Hz，代入式（4.50）中，解得 $n = 6$。图 4.35 为原始波分解 6 层后得到的第 6 层的近似成分小波系数（cA6）。将该近似成分小波系数重构得到原始波的低频加速度时程，如图 4.36 所示。重构得到的原始波的低频波加速度时程与原始波的对比如图 4.37 所示。

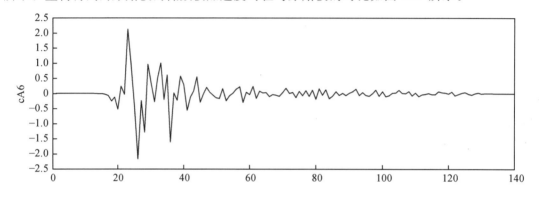

图 4.35　原始波分解 6 层后得到的第 6 层的近似成分小波系数（cA6）

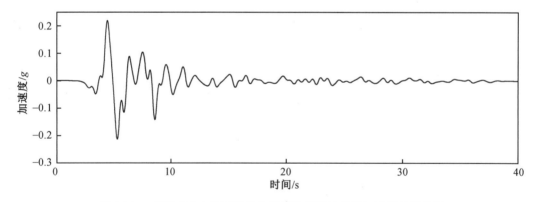

图 4.36　近似成分小波系数重构得到的原始波低频加速度时程曲线

从图 4.37 中对比可以看出：采用本节公式所计算得到的分解层数（$n = 6$ 层），进行小波重构可以很理想地把低频脉冲成分从原始波中分离出来。因此，下文进行近断层地震波的模拟时，采用本节方法计算小波变化分解层数。

基于以上本书采取离散小波变换理论的优点和本书提出的一种确定最优分解层数方法，本书提出了一种基于小波理论的近断层地震波拟合改进方法，该方法的具体拟合步骤如下：

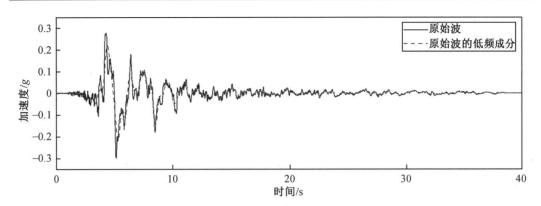

图 4.37　原始波和原始波的低频加速度时程曲线

步骤 S1:拟合近断层地震波小波基函数 $\psi\left(\dfrac{t_k - p_i}{s_j}\right)$。

步骤 S1.1:根据式(4.39)求出尺度向量 s_j:

$$s_j = 2^{j/8} \quad (j = -(n_0 - 1), -(n_0 - 2), \cdots, -(n_0 - n)) \tag{4.39}$$

式中,s_j 为尺度向量;n_0 为控制尺度向量 s_j 范围的参数;n 为尺度向量 s_j 的点数。

步骤 S1.2:根据式(4.40)得小波基函数 $\psi\left(\dfrac{t_k - p_i}{s_j}\right)$:

$$\psi\left(\frac{t_k - p_i}{s_j}\right) = e^{-\zeta\Omega\left|\frac{t_k - p_i}{s_j}\right|} \sin\left(\frac{\Omega t_k - p_i}{s_j}\right) \tag{4.40}$$

式中,$\psi\left(\dfrac{t_k - p_i}{s_j}\right)$ 为小波基函数;ζ 为小波基函数衰减系数;Ω 为小波基函数频率系数;p_i 为时间向量;t_k 为小波基函数时间参数。

步骤 S2:根据步骤 S1 得到的近断层地震波小波基函数 $\psi\left(\dfrac{t_k - p_i}{s_j}\right)$,代入场地条件信息得到目标加速度反应谱 $[Sa(T_j)]$ 目标谱。

步骤 S3:求出原始地震波即母波 MW 的计算加速度反应谱 $[Sa(T_j)]$ 计算谱。

步骤 S4:根据式(4.41)求得调整系数 γ:

$$\gamma_j = \frac{[Sa(T_j)]_{\text{目标谱}}}{[Sa(T_j)]_{\text{计算谱}}} \tag{4.41}$$

式中,γ 为调整系数;$[Sa(T_j)]$ 目标谱为目标加速度反应谱;$[Sa(T_j)]$ 计算谱为计算加速度反应谱。

步骤 S5:根据式(4.42)得到目标加速度反应谱 $[Sa(T_j)]$ 目标谱与计算加速度反应谱 $[Sa(T_j)]$ 计算谱的误差 Error 为

$$\text{Error} = \sqrt{\frac{1}{n}\sum_{j=1}^{n}\left(\frac{[Sa(T_j)]_{\text{目标谱}} - [Sa(T_j)]_{\text{计算谱}}}{[Sa(T_j)]_{\text{目标谱}}}\right)^2} \tag{4.42}$$

式中，Error 为目标加速度反应谱与计算加速度反应谱的误差；n 为尺度向量 $\boldsymbol{s}_j$ 的点数；$[Sa(T_j)]$目标谱为目标加速度反应谱；$[Sa(T_j)]$计算谱为计算加速度反应谱。

步骤 S6：根据式（4.56）得到小波系数 $C(s,p)$：

$$C(\boldsymbol{s}_j,\boldsymbol{p}_i)\simeq\frac{\Delta t}{\sqrt{\boldsymbol{s}_j}}\sum_{k=1}^{N}f(t_k)\psi\left(\frac{t_k-\boldsymbol{p}_i}{\boldsymbol{s}_j}\right)\quad(j=1,\cdots,n;i=1,\cdots,N)\tag{4.43}$$

式中，$C(\boldsymbol{s}_j,\boldsymbol{p}_i)$ 为小波系数；Δt 为地震波加速度时程的时间间隔；t_k 为小波基函数时间参数；$\boldsymbol{s}_j$ 为尺度向量；$\boldsymbol{p}_i$ 为时间向量；$f(t_k)$ 为原始地震波；$\psi\left(\frac{t_k-\boldsymbol{p}_i}{\boldsymbol{s}_j}\right)$ 为小波基函数；n 为尺度向量 $\boldsymbol{s}_j$ 的点数；N 为原始地震波的数据点数。

步骤 S7：根据式（4.44）得到小波变换中的细节函数 $D(s,t)$：

$$D(\boldsymbol{s}_j,t_k)\simeq\frac{\Delta p}{\boldsymbol{s}_j^{5/2}}\sum_{i=1}^{N}C(\boldsymbol{s}_j,\boldsymbol{p}_i)\psi\left(\frac{t_k-\boldsymbol{p}_i}{\boldsymbol{s}_j}\right)\quad(j=1,\cdots,n;k=1,\cdots,N)\tag{4.44}$$

式中，$D(\boldsymbol{s}_j,t_k)$ 为细节函数；Δp 为小波函数时间间隔。

步骤 S8：根据式（4.45）得到子波 SW 为

$$\mathrm{SW}=\int_{s=0}^{\infty}\int_{p=-\infty}^{\infty}\frac{1}{s^2}C(\boldsymbol{s}_j,\boldsymbol{p}_i)\psi s,p(t)\mathrm{d}p\mathrm{d}s=\int_{0}^{\infty}D(s,t)\mathrm{d}s\tag{4.45}$$

式中，SW 为子波。

步骤 S9：根据步骤 S5 求出计算加速度反应谱和目标加速度反应谱的平均相对误差 Error 并判断其是否小于指定值。若平均相对误差大于 5％，回到步骤 S4；若平均相对误差小于等于 5％，则输出近断层地震波时程的子波 SW。

步骤 S10：根据式（4.46）求脉冲周期 T_p，根据式（4.47）求脉冲峰值 V_p，根据式（4.48）求脉冲峰值时刻 $t_{1,v}$

$$\ln T_p=-6.45+1.11M_w\tag{4.46}$$

$$\ln V_p=3.680+0.065M_w+0.025\ln R\tag{4.47}$$

$$\ln t_{1,v}=1.35M_w-6.88\tag{4.48}$$

式中，T_p 为脉冲周期；V_p 为脉冲峰值；$t_{1,v}$ 为脉冲峰值时刻；R 为断层距；M_w 为矩震级。

步骤 S11：模拟滑冲型近断层脉冲型地震提出近断层脉冲型地震的速度时程 v_{gA} 为

$$v_{gA}=\frac{V_p}{2}-\frac{V_p}{2}\cos\omega_p t\quad(0\leqslant t\leqslant T_p)\tag{4.49}$$

模拟向前方向性效应提出近断层脉冲型地震速度时程 v_{gB} 为

$$v_{gB}(t)=V_p\sin\omega_p t\quad(0\leqslant t\leqslant T_p)\tag{4.50}$$

式中，v_{gA} 为模拟滑冲型近断层脉冲型地震速度时程；v_{gB} 为模拟向前方向性效应近断层脉冲型地震速度时程；V_p 为脉冲峰值；T_p 为脉冲周期；ω_p 为脉冲频率。

步骤 S12：对由步骤 S11 得到的速度时程 v_{gA} 进行求导得到加速度时程 α_{gA}，如式（4.51）所示。对由步骤 S11 得到的速度时程 v_{gA} 进行积分求得位移时程 d_{gA}，如式（4.52）所示。

$$\alpha_{gA} = \omega_p \frac{V_p}{2} \sin \omega_p t \quad (0 \leqslant t \leqslant T_p) \tag{4.51}$$

$$d_{gA} = \frac{V_p}{2} t - \frac{V_p}{2\omega_p} \sin \omega_p t \quad (0 \leqslant t \leqslant T_p) \tag{4.52}$$

式中，T_p 由式（4.52）和式（4.49）的最大值相除确定，即

$$T_p = 2 \frac{|d_{gA}|_{max}}{|v_{gA}|_{max}}$$

对由步骤 S11 得到的速度时程 v_{gB} 进行求导得到加速度时程 α_{gB}，如式（4.66）所示。对由步骤 S11 得到的速度时程 v_{gB} 进行积分求得位移时程 d_{gB}，如式（4.67）所示。

$$\alpha_{gB}(t) = \omega_p V_p \cos \omega_p t \quad (0 \leqslant t \leqslant T_p) \tag{4.53}$$

$$d_{gB}(t) = \frac{V_p}{\omega_p} - \frac{V_p}{\omega_p} \cos \omega_p t \quad (0 \leqslant t \leqslant T_p) \tag{4.54}$$

式中，α_{gA} 为模拟滑冲型近断层脉冲型地震加速度时程；d_{gA} 为模拟滑冲型近断层脉冲型地震位移时程；α_{gB} 为模拟向前方向性效应近断层脉冲型地震加速度时程；d_{gB} 为模拟向前方向性效应近断层脉冲型地震位移时程；V_p 为脉冲峰值；T_p 为脉冲周期；ω_p 为脉冲频率。T_p 由式（4.54）和式（4.50）的最大值相除确定，即

$$T_p = \pi \frac{|d_{gB}|_{max}}{|v_{gB}|_{max}}$$

步骤 S13：得到近断层地震波时程的父波 FW。

步骤 S14：求脉冲周期 T_P：

$$\ln T_p = -6.45 + 1.11 M_w \tag{4.55}$$

式中，T_p 为脉冲周期。

步骤 S15：确定小波分解的层数 n。

$$f_p \leqslant f_{original} \left(\frac{1}{2}\right)^{n+2}$$

$$f_{original} \leqslant \frac{1}{2\Delta t} \tag{4.56}$$

式中，f_p 为脉冲频率；n 为小波变换分解的层数；$f_{original}$ 为信号的频带范围；Δt 为地震波加速度时程的时间间隔。

步骤 S16：将父波通过多尺度离散小波变换分解为 n 层，即

$$\text{FW} \xrightarrow{\text{wavedec}} (\text{FW}_{cD1}, \text{FW}_{cD2}, \cdots, \text{FW}_{cDn}, \text{FW}_{cAn}) \qquad (4.57)$$

式中,FW 为父波;$\text{FW}_{cD1}, \cdots, \text{FW}_{cDn}$ 为父波经过小波分解后的细节成分对应的各个频带;FW_{cAn} 为父波经过小波分解后的近似成分对应的频带;n 为小波分解的层数。

步骤 S17:通过步骤 S16 确定出父波小波系数 LW_{cAn}。

$$\text{LW}_{cAn} = \text{FW}_{cAn}$$

式中,LW_{cAn} 为父波小波系数。

步骤 S18:将子波通过多尺度离散小波变换分解为 n 层,即

$$\text{SW} \xrightarrow{\text{wavedec}} (\text{SW}_{cD1}, \text{SW}_{cD2}, \cdots, \text{SW}_{cDn}, \text{SW}_{cAn}) \qquad (4.58)$$

式中,SW 为子波;$\text{SW}_{cD1}, \cdots, \text{SW}_{cDn}$ 为子波经过小波分解后的细节成分对应的各个频带;SW_{cAn} 为子波经过小波分解后的近似成分对应的频带;n 为小波分解的层数。

步骤 S19:通过步骤 S18 确定出子波小波系数 HW_{cAn} 为

$$\text{HW}_{cAn} = \text{SW}_{cAn}$$

式中,SW_{cAn} 为子波小波系数。

步骤 S20:根据式(4.59)求小波调整系数 β_{coef}:

$$\beta_{coef} = \text{FW}_{cAn} / \text{SW}_{cAn} \qquad (4.59)$$

式中,β_{coef} 为小波调整系数。

步骤 S21:根据式(4.60)求调整后的小波系数 SW'_{cAn}:

$$\text{SW}'_{cAn} = \beta_{coef} \cdot \text{SW}_{cAn} \qquad (4.60)$$

式中,SW'_{cAn} 为调整后的小波系数。

步骤 S22:根据式(4.61)将调整后的小波系数 SW'_{cAn} 重构,得到近断层脉冲型地震波 AW:

$$(\text{SW}_{cD1}, \text{SW}_{cD2}, \cdots, \text{SW}_{cDn}, \text{SW}'_{cAn}) \xrightarrow{\text{waverec}} \text{AW} \qquad (4.61)$$

式中,AW 为近断层脉冲型地震波。

图 4.38 为上述基于小波理论的近断层地震波改进拟合方法的流程图。

其中,以上合成程序的关键部分之一为近断层脉冲型地震波的重构。本书通过 MATLAB 软件编程,实现近断层脉冲型地震波的生成,其中关键部分的近断层脉冲型地震波的重构的程序编写流程如图 4.39 所示。

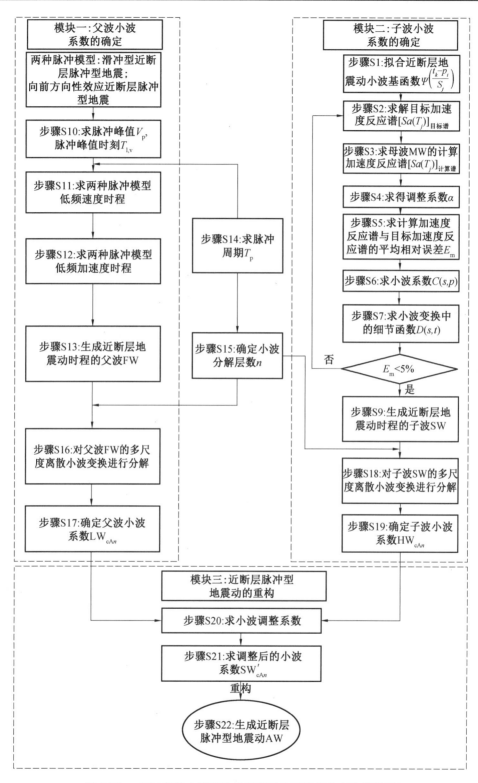

图 4.38　基于离散小波变换的近断层地震波拟合方法流程图

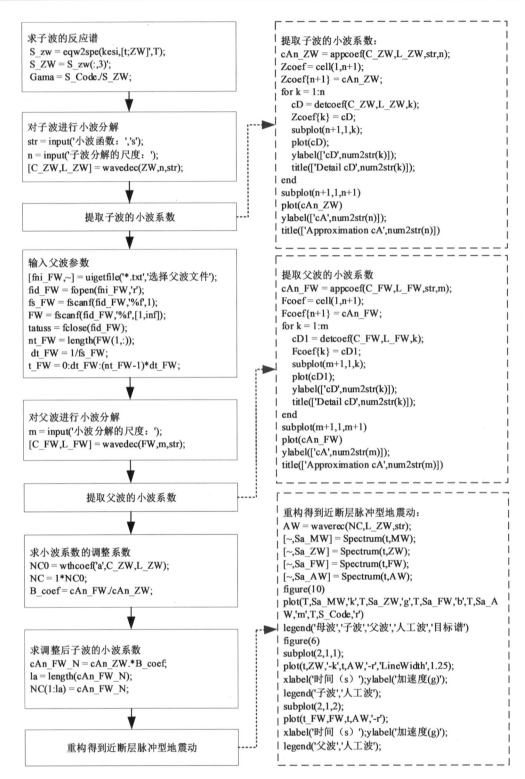

图 4.39　近断层脉冲型地震波的重构过程编写流程图

4.4.4　地震波拟合方法算例 2

根据 4.4.3 节的拟合方法,本算例以某具体的场地条件和地震波参数为例,来说明本书提出的基于离散小波变换的近断层地震波拟合方法的实现及拟合结果。

拟合目标:工程场地类别为 Ⅱ 类场地;地震分组为第三组($T_g = 0.45$ s);抗震设防烈度为 7 度;矩震级为 6.5 级;结构阻尼比为 0.05;50 年超越概率为 10%(重现期 475 年)对应的设计基本地震波峰值加速度为 0.15 g;A 类公路桥梁 E1 地震作用的近断层脉冲型地震波。

母波采用 El Mayor—Cucapah_Mexico 波。其具体信息如表 4.2 所示,母波加速度时程曲线如图 4.40 所示。父波由改进的等效速度脉冲模型(简称改进 Tian 模型)确定,模型参数取值为:$T = 20$ s、$V_p = 60$ cm/s、$t_0 = 5$ s、$t_1 = 5.6$ s、$\gamma = 3$,其父波加速度时程曲线如图4.41 所示。

表 4.2　母波信息

	地震名称	震级	脉冲周期 /s	台站	$V_{s30}/(\text{m} \cdot \text{s}^{-1})$
高频成分	El Mayor—Cucapah_Mexico	7.2	—	El Centro—Meloland Geot.Array	264.57

拟合过程:本程序合成时,根据 4.4.3 节的拟合方法,拟合过程分为父波、母波及近断层脉冲型地震波生成三部分来进行详述。

其中,图 4.40 是母波加速度时程曲线,图 4.41 是父波加速度时程曲线,图 4.42 是近断层脉冲型加速度时程曲线图。

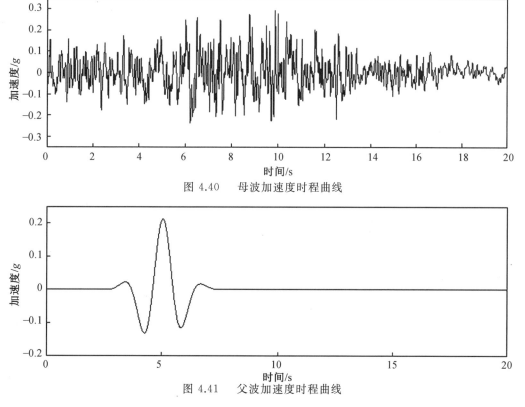

图 4.40　母波加速度时程曲线

图 4.41　父波加速度时程曲线

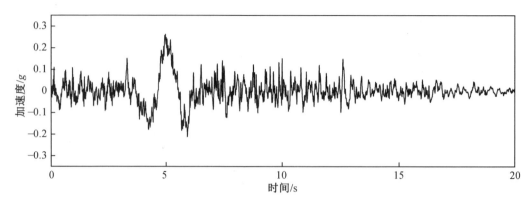

图 4.42 近断层脉冲型加速度时程曲线图

拟合结果验证:

(1)时程曲线比较。

将父波、母波和模拟的近断层脉冲型地震波的加速度时程绘制于图 4.43。

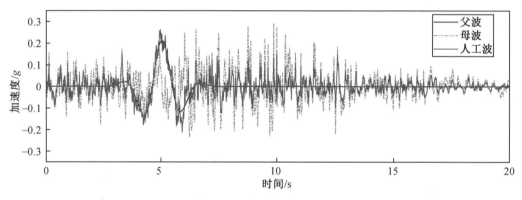

图 4.43 加速度时程对比

从图 4.43 中可以看出:在时域上,人工波与父波和形状很相似。这说明母波经过离散小波变换的低频调整后,获得了父波的脉冲特性。同时,母波经过离散小波变换调整后还保留了原来的时域特性。

(2)时频特性比较。

父波、母波和人工波的时频图如图 4.44 所示。

从图 4.44 中可以看出,在频域上人工波的频谱特性结合了与父波和母波的特点。

因此本节模拟得到的近断层脉冲型加速度时程不仅保留了原来的时域特性,而且在频域上结合了父波与母波的特性。故基于离散小波变换方法得到的近断层地震波与实际近断层地震波的特性更加吻合。

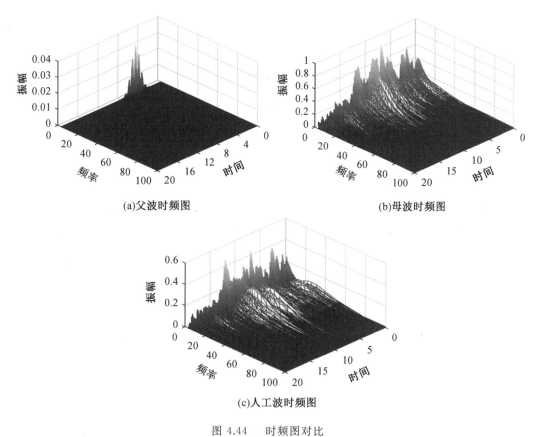

(a)父波时频图

(b)母波时频图

(c)人工波时频图

图 4.44   时频图对比

第 5 章　海域地震动的拟合方法

随着我国沿海地区经济的飞速发展,在海域的地震断裂带附近修建大跨桥梁工程以及大型海洋工程等生命线工程的可能性越来越大。我国地震断层较多,跨海桥梁工程无法完全避免地震断层,例如我国海南的海文大桥(2019 年通车)即位于 1605 年琼山 7.5 级大地震的震中所在地,也是潜在的震源区,受活动断层影响十分严重。除此之外,世界上还有 3 座已建成的位于活动断层附近的桥梁 —— 日本明石海峡大桥、旧金山 — 奥克兰海湾大桥、希腊里恩 — 安拖里恩大桥。

然而,目前对于近断层地震波的研究仅限于陆地场地,而处于海域环境的海底地震的传播规律显著不同于陆地场地。已有研究表明,海底地震波和陆地地震波的特性存在较大差异。因此,传统的针对陆地场地的近断层地震波直接应用于断层附近跨海桥梁工程的抗震分析并不科学。为了研究海域近断层地震波与陆地近断层地震波的区别,有必要开展海域地震波特性及模拟方法的研究。

5.1　海域地震动特性统计分析

5.1.1　基于实测记录的海域地震波数据库

我国的四大海域中,东海与日本近海的地质条件相类似,二者都位于亚欧大陆板块与太平洋板块之间的俯冲带上,而且日本 K－NET 强震台网的地震波数据量丰富、数据信息齐全,因此,本书选取了 K－NET 强震台网记录的海域地震波数据来研究海域地震波的特性。本书基于日本 K－NET 强震台网建立地震波数据库。本书从日本 K－NET 强震台网挑选了 6 个海底强震台站,选取了从 2000 年至今记录到的矩震级大于 4.9 级,震中距在 950 km 以内的地震波记录。最终得到了 245 组海域地震波记录,每组记录均包含 2 条水平向地震波与 1 条竖向地震波,具体详见附表 3。

为了对比海域地震波与陆地地震波之间的差异,从 K－NET 强震台网选取了 12 个陆地台站的地震记录,12 个陆地台站的选取原则如下:① 位于相模湾区域,且较靠近 6 个海底台站;② 在不同地震事件中尽可能选取相同的陆地台站;③ 尽可能选取场地土为中硬土的陆地台站,土层平均剪切波速范围为 180 ~ 380 m/s。从该 12 个陆地台站中选取了相同地震事件下的地震波记录,共得到 339 组陆地地震波记录,每组记录也包含 2 条水平向地震波与 1 条竖向地震波。

6 个海底台站和 12 个陆地台站的编号与相关信息见附表 3。

245 组海域地震波记录和 339 组陆地地震波记录都来源于相同的 41 次地震事件,其中包括 25 次海底地震事件(震源位置为海底)和 16 次陆地地震事件(震源位置为陆地),其具体信息详见附表 4，245 组海域地震波记录和 339 组陆地地震波记录的详细资料见附录中的附表 5 ～ 45。

针对台站获取的地震波记录都是经过缩放因子处理，因此获取的地震波记录都需要乘以缩放因子来还原原始地震波记录。由于仪器倾斜等原因，原始地震波记录可能存在基线偏移，虽然基线偏移对加速度时程的影响较小，但是积分运算后，其对速度时程和位移时程的影响将十分显著，所以需要对未经过处理的地震波数据进行基线校正。因此，需要对加速度记录进行预处理。

本书对下载得到的加速度记录的预处理，具体步骤如下：

（1）先将下载得到的地震波加速度时程乘以缩放因子还原原始记录。

（2）计算原始记录全时长加速度数据的均值，并对整个记录减去该均值以去除整体趋势项。

（3）根据 Boore 等提出的处理方法对地震波数据进行基线校正，校正后速度与加速度的表达式如下：

$$\hat{\dot{y}}(t) = \dot{y}(t) - \left(a_0 t + \frac{1}{2} a_1 t^2 \right) \tag{5.1}$$

$$\hat{\ddot{y}}(t) = \ddot{y}(t) - (a_0 + a_1 t) \tag{5.2}$$

式中，参数 a_1 和 a_0 的计算表达式如下：

$$a_1 = \frac{5}{T^2} \left[\dot{y}(T) - \frac{12}{T^3} \int \dot{y}(t) (T \cdot t - t^2) \, dt \right] \tag{5.3}$$

$$a_0 = \frac{\dot{y}(T) - a_1 T^2 / 2}{T} \tag{5.4}$$

（4）对基线校正后的加速度时程进行滤波处理。

由于可能受到背景噪声或仪器噪声的污染，还需要对原始地震波记录进行滤波处理。滤波处理采用 4 阶巴特沃斯（Butterworth）带通滤波器，截止频率为 0.1 ～ 35 Hz，滤波器频响函数幅值如图 5.1 所示。

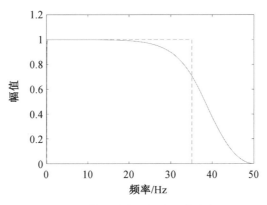

图 5.1　带通滤波器频响函数示意图

5.1.2 海域地震波特性的统计分析

基于上节得到的海域与陆地地震波数据库,本节将给出海域与陆地地震波的峰值加速度的分布规律以及地震波加速度峰值比和海域与陆地地震波的平均竖向与水平向反应谱的比谱。

（1）地震波 PGA 的分布规律。

图 5.2 ～ 5.4 分别给出了海域与陆地地震波的峰值加速度 PGA 与震级、震中距、震源深度的分布图。

由图 5.2(a)、图 5.2(b) 可知,在不同震级下,海域与陆地地震波记录的水平向 PGA 在 $0 \sim 250g$ 区间分布较均匀,相差较小;由图 5.2(c) 可知,在不同震级下,陆地地震波记录的竖向 PGA 主要分布在 $0 \sim 50g$ 区间,而海域地震波的竖向 PGA 分布范围较小,主要集中在 $0 \sim 25g$ 区间。

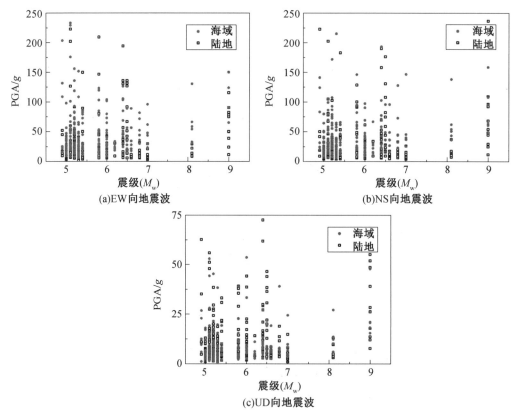

图 5.2   不同震级下 PGA 的分布图

由图 5.3 可知,海域与陆地地震波的水平向 PGA 和竖向 PGA 主要集中分布在震中距 200 km 以内,现有数据库缺少震中距在 $500 \sim 700$ km 之间的地震波记录。

由图 5.4 可知,选取的海域与陆地地震波记录的震源深度主要集中分布在 150 km 以内,数据库缺少震源深度在 $200 \sim 300$ km、$450 \sim 650$ km 之间的地震波数据;在不同震源深度下,海域与陆地地震波记录的水平向、竖向 PGA 分布较均匀,相差较小。

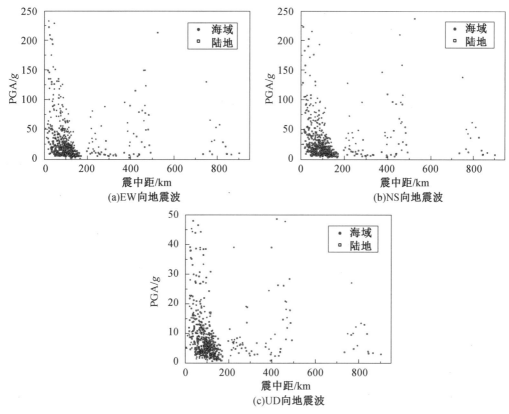

图 5.3　　不同震中距下 PGA 的分布图

（2）地震波 V/H 加速度峰值比。

图 5.5 比较了本书地震波数据库中海域与陆地的竖向与水平向 PGA 之间的关系。对地震波记录 PGA 数据点进行线性拟合，拟合曲线的斜率即为平均竖向与水平向 PGA 比值，记为 V/H，拟合结果如图 5.5(a) 所示。竖向与水平 EW 向的 PGA 比值、竖向与水平 NS 向的 PGA 比值分别记为 V/H_{EW}、V/H_{NS}。经过拟合与统计可得，陆地地震波记录的平均竖向与水平向 PGA 比值 $V/H = 0.422$，而海域地震波记录的平均竖向与水平向 PGA 比值 $V/H = 0.178$，如图 5.5(b) 所示。可以发现：海域地震波记录的竖向与水平向 PGA 的比值明显小于陆地地震波记录。

（3）地震波 V/H 反应谱比谱。

图 5.6 对比了海域与陆地地震波的平均竖向与水平向反应谱的比谱（V/H 反应谱比谱）。计算 V/H 反应谱比谱时，水平向地震波反应谱取两个水平向反应谱的平均值，阻尼比取 5%。分析图 5.6 可得，海域地震波的 V/H 比谱在整个周期段内都小于陆地地震波，特别在 $T < 0.5$ s 短周期范围内，海域 V/H 比谱仅为陆地 V/H 比谱的 $30\% \sim 50\%$。此结论与 Boore、Smith 以及 Chen 等基于美国 SEMS 强震台网海陆地震波记录的研究结果一致，即海域地震波 V/H 比谱在短周期范围内明显低于陆地地震波。

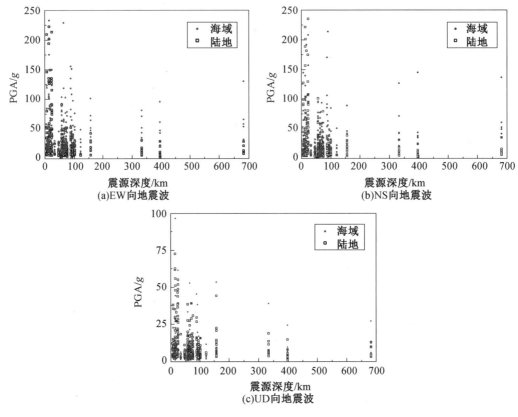

图 5.4 不同震源深度下 PGA 的分布图

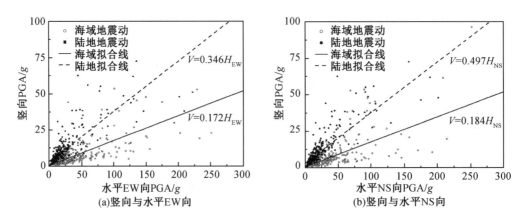

图 5.5 竖向与水平向 PGA 比值

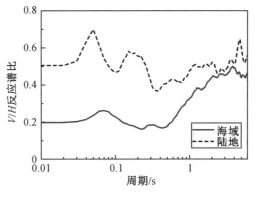

图 5.6　海域与陆地平均 V/H 比谱

5.2　海域地震动反应谱的标定

5.2.1　海域地震动反应谱的标定思路

目前标定设计反应谱的方法主要有四种:Newmark 三参数方法、双参数标定方法、最小二乘分段拟合法和差分进化算法。Newmark 三参数方法是采用峰值加速度、峰值速度和峰值位移来标定地震反应谱中的低频段、中频段和高频段;双参数标定方法是用峰值加速度和峰值速度来标定整个周期范围内的设计反应谱,两个拐点周期与 v_i/a_i 成正比;最小二乘分段拟合法是用指数坐标变换将反应谱的指数下降段转化成线性回归问题,并将标定后的反应谱和地震反应谱进行比较,使得 0.1 s 以后的反应谱标准差最小,即数学角度上误差最小。

在介绍本书海域地震波反应谱的标定思路前,首先简单介绍差分化算法的具体内容,并且通过算例来比较差分化算法和其他三种标定设计反应谱方法的区别。通过对比四种方法标定的效果,为确定海域地震波反应谱的标定方法提供一个更好的思路,也便于大家理解海域地震波反应谱的标定方法。

首先,差分进化算法是由 Rainer Storn 和 Kenneth Price 提出的在指定范围内随机搜索最优值的计算方法,该数值计算方法通过变异、交叉、比较等操作,找到指定函数中待标定参数的最优值,从而达到拟合数据的目的。假设需要 n 个标定参数 $x_1,x_2,\cdots,x_n$ 来拟合数据,利用该算法拟合数据的步骤如下:

(1) 初始化种群。

对于每个标定参数 x_i,均由式(5.6)生成 N 个随机值,组合得到第 t 代初始种群 $\boldsymbol{X}(t)$。

$$x_{i,j}=x_{i,\min}+\text{rand}(0,1)\times(x_{i,\max}-x_{i,\min})\quad(i=1,2,\cdots,n;j=1,2,\cdots,N)\quad(5.5)$$

$$\boldsymbol{X}(t)=\begin{bmatrix} x_{1,1}^t & x_{2,1}^t & \cdots & x_{n,1}^t \\ x_{1,2}^t & x_{2,2}^t & \cdots & x_{n,2}^t \\ \vdots & \vdots & & \vdots \\ x_{1,N}^t & x_{2,N}^t & \cdots & x_{n,N}^t \end{bmatrix}=\begin{bmatrix} X_1^t \\ X_2^t \\ \vdots \\ X_N^t \end{bmatrix}\quad(5.6)$$

式中，$x_{i,\,\min}$、$x_{i,\,\max}(i=1,2,\cdots,n)$ 分别为标定参数 x_i 的最小值和最大值；n 为标定参数总数；N 为种群规模；rand$(0,1)$ 表示在 $[0,1]$ 区间均匀分布的随机数。

（2）初始种群的适应度值评价。

计算第 t 代初始种群 $\boldsymbol{X}(t)$ 中 $X_1^t,X_2^t,\cdots,X_N^t$ 的适应度值 $Q(X_j^t)(j=1,2,\cdots,N)$（适应度值等于拟合值与源数据之间的误差）。如果第 t 代种群 $\boldsymbol{X}(t)$ 中某组 X_j^t 的适应度值 $Q(X_j^t)$ 小于限定值 $[Q]$，则停止计算，输出结果，否则继续以下操作。

（3）变异操作。

从当前种群中随机选取 3 组向量 $\boldsymbol{X}_{r1}^t$、$\boldsymbol{X}_{r2}^t$、$\boldsymbol{X}_{r3}^t$，$r_1\in[1,N]$，$r_3\in[1,N]$，计算其中两组向量的差，将该差向量乘以变异缩放因子 F 作为第三个个体的变化源，变异结果记为 $\boldsymbol{M}_j^t$，计算公式如式（5.7）所示。变异得到的新种群为 $\boldsymbol{M}(t)=\begin{bmatrix}\boldsymbol{M}_1^t & \boldsymbol{M}_2^t & \cdots & \boldsymbol{M}_N^t\end{bmatrix}^{\mathrm{T}}$。

$$\boldsymbol{M}_j^t=\boldsymbol{X}_{r1}^t+F\times(\boldsymbol{X}_{r2}^t-\boldsymbol{X}_{r3}^t)\quad(r_1\neq r_2\neq r_3\neq j) \tag{5.7}$$

式中，$j\in[1,N]$；N 为种群规模；变异缩放因子 F 的取值范围为 $[0,2]$，通常取 $F=0.5$。

（4）交叉操作。

将初始种群 $\boldsymbol{X}(t)$ 中的个体向量 X_j^t 和变异种群 $\boldsymbol{M}(t)$ 中的个体向量 $\boldsymbol{M}_j^t$ 进行交叉混合，交叉得到的结果记为 $\boldsymbol{C}(t)=\begin{bmatrix}\boldsymbol{C}_1^t & \boldsymbol{C}_2^t & \cdots & \boldsymbol{C}_N^t\end{bmatrix}^{\mathrm{T}}$。交叉混合的规则如下：首先产生一个标识随机数 randn$_i$，作用是确保交叉演化得到的个体向量至少有一个元素来自变异种群，从而避免与初始种群相同。然后，针对个体向量每一个元素产生 0 到 1 之间的随机数 rand$_{j,i}$，如果该随机数小于交叉概率 CR，则取变异种群 $\boldsymbol{M}(t)$ 中的个体向量作为交叉结果；否则，取初始种群 $\boldsymbol{X}(t)$ 中的个体向量作为交叉结果。具体的公式如下：

$$C_{j,i}^t=\begin{cases}M_{j,i}^t & (\mathrm{rand}_{j,i}(0,1)\leqslant\mathrm{CR},\ i=\mathrm{rand}_{n_i})\\ X_{j,i}^t & (\mathrm{rand}_{j,i}(0,1)>\mathrm{CR},\ i\neq\mathrm{rand}_{n_i})\end{cases} \tag{5.8}$$

式中，$C_{j,i}^t(i=1,2,\cdots,n;j=1,2,\cdots,N)$ 为个体向量 $\boldsymbol{C}_j^t$ 的第 i 个元素，n 为标定参数总数，N 为种群规模；rand$_{j,i}(0,1)$ 是针对个体向量每一个元素产生的在 $[0,1]$ 区间的随机数；CR 为交叉概率，取值范围为 $[0,1]$；rand$_{n_i}$ 为 $[0,n]$ 区间的随机整数。

（5）筛选操作。

计算并比较初始种群 $\boldsymbol{X}(t)$ 和种群 $\boldsymbol{C}(t)$ 中个体的适应度值，筛选出适应度值小的个体向量作为下一代种群 $\boldsymbol{X}(t+1)$ 的个体向量参与下一次计算。具体公式如下：

$$X_j^{t+1}=\begin{cases}C_j^t & (Q(C_j^t)<Q(X_j^t))\\ X_j^t & (Q(C_j^t)\geqslant Q(X_j^t))\end{cases} \tag{5.9}$$

（6）重复计算。

将得到的下一代种群 $\boldsymbol{X}(t+1)$ 转向步骤（3），重复变异、交叉和筛选操作，直到找到某组个体向量的适应度值小于限定值 $[Q]$ 或者进化代数 t 达到最大进化代数 $[t_{\max}]$，则停止计算，输出待标定参数的最优解。

在简单了解差分化算法之后，可以通过将差分化算法和其他标定方法对某个强震记录进行标定对比。赵培培等将差分进化算法应用到反应谱的标定中，并比较了不同标定方法对强震记录进行标定的误差。图 5.7 列出了赵培培采用四种标定方法对不同地区强震记录进行标定的误差。

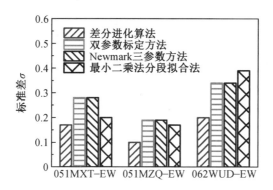

图 5.7　不同标定方法的标准差对比

从图 5.7 中可以发现进化差分算法标定 051MXT－EW、051MZQ－EW、062WUD－EW 三条地震波记录的标准差分别为 0.17、0.11、0.20。可以看出，四种反应谱标定方法在反应谱标定的精度上存在差异，且利用差分进化算法标定地震波反应谱的标准差最小，说明了利用差分进化算法标定反应谱较为精确，标定得到的反应谱更接近实际反应谱。因此，本书采用差分进化算法对选取的 K－NET 强震记录反应谱进行标定。

本书利用差分进化算法标定反应谱的过程如下：

（1）指定 4 个谱特征参数 $\beta_{\max}$、T_0、T_g、γ 的取值范围。对于每个谱特征参数，均由式（5.10）生成 N 个随机值，组合得到第 t 代初始种群 $\boldsymbol{X}(t)$，t 初始值取 0。

$$\boldsymbol{X}(t)=\begin{bmatrix} \beta_{\max,1}^t & T_{0,1}^t & T_{g,1}^t & \gamma_1^t \\ \beta_{\max,2}^t & T_{0,2}^t & T_{g,2}^t & \gamma_2^t \\ \vdots & \vdots & \vdots & \vdots \\ \beta_{\max,N}^t & T_{0,N}^t & T_{g,N}^t & \gamma_N^t \end{bmatrix}=\begin{bmatrix} X_1^t \\ X_2^t \\ \vdots \\ X_N^t \end{bmatrix} \tag{5.10}$$

（2）计算第 t 代初始种群 $\boldsymbol{X}(t)$ 中 $X_1^t,X_2^t,\cdots,X_N^t$ 的适应度值 $Q(X_j^t)(j=1,2,\cdots,N)$，适应度值等于拟合值与源数据之间的误差。如果第 t 代种群 $\boldsymbol{X}(t)$ 中某组 X_j^t 的误差 $Q(X_j^t)$ 小于限定值 $[Q]$，则停止计算，输出结果，否则继续以下操作。

（3）从当前种群 $\boldsymbol{X}(t)$ 中随机选取 3 组向量 $\boldsymbol{X}_{r_1}^t$、$\boldsymbol{X}_{r_2}^t$、$\boldsymbol{X}_{r_3}^t$（$r_1,r_2,r_3\in[1,N]$），根据式（5.7）计算变异向量 $\boldsymbol{M}_j^t$，变异得到新种群 $M(t)=\begin{bmatrix} \boldsymbol{M}_1^t & \boldsymbol{M}_2^t & \cdots & \boldsymbol{M}_N^t \end{bmatrix}$。

（4）将初始种群 $\boldsymbol{X}(t)$ 中的个体向量 $\boldsymbol{X}_j^t$ 和变异种群 $M(t)$ 中的个体向量 $\boldsymbol{M}_j^t$ 按照式（5.8）进行交叉混合，交叉得到新种群 $C(t)=\begin{bmatrix} \boldsymbol{C}_1^t & \boldsymbol{C}_2^t & \cdots & \boldsymbol{C}_N^t \end{bmatrix}^{\mathrm{T}}$。

（5）根据式（5.9）筛选出初始种群 $\boldsymbol{X}(t)$ 和种群 $C(t)$ 中误差小的个体向量作为下一代种群 $\boldsymbol{X}(t+1)$ 的个体向量参与下一次计算。

（6）将得到的下一代种群 $\boldsymbol{X}(t+1)$ 转向步骤（3），重复变异、交叉和筛选操作，直到找到某组个体向量的适应度值小于限定值 $[Q]$ 或者进化代数 t 达到最大进化代数 $[t_{\max}]$，则停止计算，输出 4 个谱特征参数的最优解和标定的反应谱曲线。

5.2.2　海域地震波反应谱的标定程序

根据上述反应谱标定思路，本书对海域地震波反应谱的标定程序如图 5.8 所示。

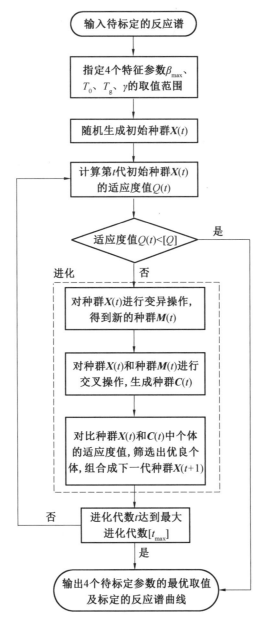

图 5.8　差分进化算法标定反应谱流程图

5.2.3　海域地震波反应谱的标定算例

海域与陆地地震波记录分组:K－NET 台网提供了地震波记录的震级、震中距、震源深度等信息。参考常见的震级和震中距的分类依据,同时考虑本书所选取地震波记录的震级和震中距分布,对海域地震波记录、陆地地震波记录进行分组。

分组方案如下:将震级 4.9 ～ 6.5 级划分为中震,6.6 ～ 9 级划分为强震;将震中距 0 ～ 29 km 划分为近场,将震中距 30 ～ 139 km 划分为中近场,将震中距 140 km 以上划分为远场。

表 5.1 分别列出了地震波数据库按照上述分组方案划分后各分组的地震波记录数量。

表 5.1   地震波数据库分组数量

台站场地	地震强度	近场	中近场	远场
海域	中震	13	192	10
(245 组)	强震	0	0	30
陆地	中震	21	236	29
(339 组)	强震	0	0	53

由表 5.1 可知,六个分组中,属于近场强震、中近场强震的地震波记录数量为零,属于中震中近的地震波记录数量较为丰富。

在标定反应谱之前,本算例首先根据前述对海域与陆地地震波记录的分组,计算每个分组下水平向和竖向的平均放大系数谱,然后对 245 组海域地震波与 339 组陆地地震波的放大系数谱进行算数平均,得到海域与陆地地震波平均谱,最后利用本书提出的差分进化算法程序对海域与陆地地震波平均谱进行标定。

标定过程:

(1)地震波记录的平均放大系数谱。

图 5.9 与图 5.10 为不同分组下海域及陆地地震波放大系数谱(反应谱的计算周期为 $0.01 \sim 6$ s,阻尼比为 5%)。

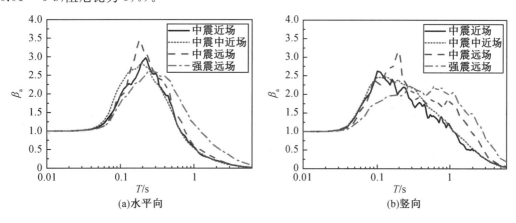

图 5.9   海域平均放大系数谱(不同震级和震中距分组)

由图 5.9 和图 5.10 可以发现,随着震中距的增大,海域竖向放大系数谱的长周期成分更加丰富。

(2)地震波记录的平均谱。

图 5.11 ~ 5.14 比较了四个分组下海域与陆地地震波记录的标准化加速度反应谱,即放大系数谱。

对 245 组海域地震波与 339 组陆地地震波的放大系数谱进行算数平均,如图 5.15 所示。

由图 5.15 得到的规律与按照震中距和震级分组讨论得到的规律基本一致:

① 海域与陆地反应谱在周期 0.1 s$< T < 0.2$ s 存在交叉点;当周期 $T < 0.1$ s 时,海域

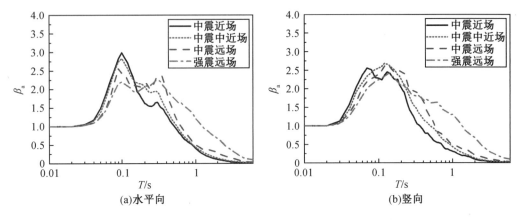

图 5.10　陆地平均放大系数谱（不同震级和震中距分组）

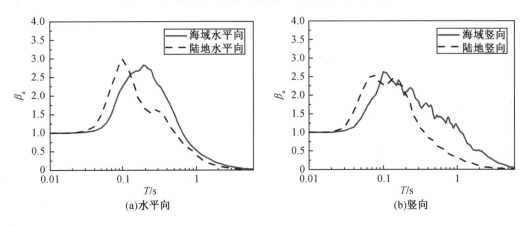

图 5.11　地震波放大系数谱（中震近场）

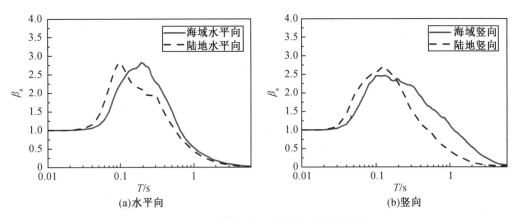

图 5.12　地震波放大系数谱（中震中近场）

反应谱小于陆地反应谱；当周期 $T > 0.2$ s 时，海域反应谱大于陆地反应谱。

② 海域竖向地震波的长周期特性比水平向明显。

③ 算数平均后，海域水平向谱平台值大于陆地水平向，而海域竖向谱平台值小于陆地竖向。

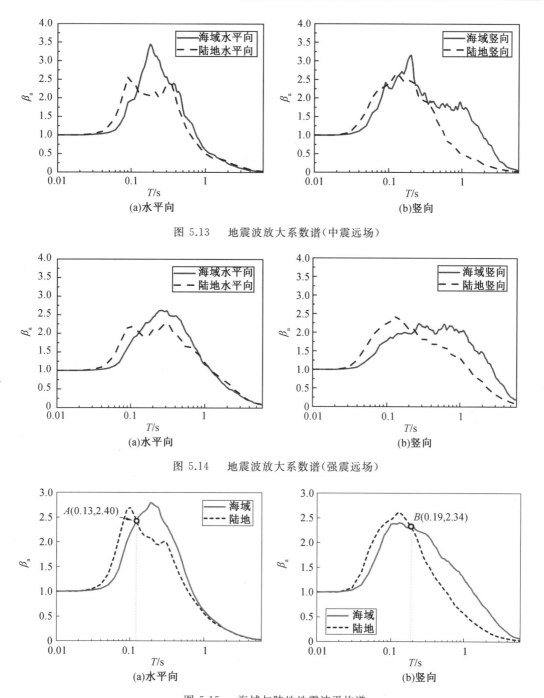

图 5.13　地震波放大系数谱(中震远场)

图 5.14　地震波放大系数谱(强震远场)

图 5.15　海域与陆地地震波平均谱

(3) 平均谱参数标定结果。

通过差分进化算法标定 245 组海域地震波与 339 组陆地地震波的平均谱(图 5.15),并与我国《建筑抗震设计规范(2016 年版)》(GB 50011—2010)(简称《抗规》)设计谱进行比较(该规范尚未给出竖向设计谱,而是规定竖向设计谱取水平向设计谱的 65%),如图 5.16 所示。

海域与陆地地震波平均谱的标定参数见表5.2。

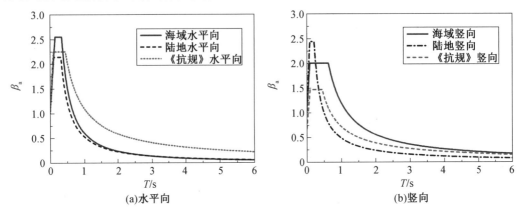

(a)水平向　　　　　　　　　　　　　　(b)竖向

图 5.16　海域与陆地标定反应谱

表 5.2　海域与陆地地震波平均谱标定参数

地震波方向	参数来源	T_0	T_g	β_{max}	γ	标准差
水平向	《抗规》	0.10	0.45	2.25	0.90	—
	陆地台站	0.09	0.32	2.14	1.23	0.06
	海域台站	0.15	0.34	2.54	1.35	0.06
竖向	《抗规》	0.10	0.45	1.46	0.90	—
	陆地台站	0.09	0.21	2.43	1.05	0.07
	海域台站	0.09	0.62	2.00	1.10	0.12

由图 5.16(a)可得,海域与陆地水平向标定谱在直线上升段吻合较好;海域水平向标定谱的平台值 $\beta_{max}=2.54$ 比陆地水平向标定谱 $\beta_{max}=2.14$ 大;在下降段 0.34 s $< T <$ 1.5 s,海域水平向标定谱仍然大于陆地水平向标定谱;随着周期变长,海域与陆地水平向标定谱趋于一致。由图 5.16(b)可得,海域竖向标定谱的平台值 $\beta_{max}=2$ 比陆地竖向标定谱 $\beta_{max}=2.43$ 小。海域竖向标定谱的特征周期 $T_g=0.62$ s,而陆地竖向标定谱的特征周期 $T_g=0.21$ s,海域竖向标定谱的峰值平台明显向长周期移动。在下降段,随着周期变长,海域和陆地竖向标定谱的差距逐渐减小,但是海域竖向标定谱始终明显大于陆地。

对比图 5.16 中陆地标定谱和《抗规》设计谱可以看出,陆地水平向标定谱平台值 $\beta_{max}=2.14$,与《抗规》设计谱 $\beta_{max}=2.25$ 较为接近,陆地的水平向标定谱在整个周期段都在规范设计谱的保守估计之内;而陆地竖向标定谱平台值 $\beta_{max}=2.43$ 远大于《抗规》竖向设计谱 $\beta_{max}=1.46$(竖向设计谱平台值取水平向设计谱平台值的 65%)。需要指出的是,陆地标定谱和《抗规》设计谱存在差别是正常的。因为反应谱标定的过程是要找到谱特征参数的最佳解,使目标函数能够和平均谱拟合效果最好,而规范反应谱的建立是要综合我国经济水平和抗震设防要求以及实际地震对设计标准的超越概率等因素确定的。

5.3　基于海域反应谱的海域地震动模拟

5.3.1　地震波模拟方法

受行波效应、相干效应等地震波空间效应的影响,在地震过程中,大跨桥梁结构在不同支撑点处的地震波之间存在较大的空间差异。已有研究表明,地震波的空间变化性对大跨桥梁结构的抗震响应有显著的影响。因此,在针对大跨桥梁结构进行地震反应分析中,应充分考虑地震波空间效应的影响。

目前针对海域场地提出的地震波拟合方法较少,本节根据 Hao 等提出的基于三角级数法空间地震波模拟方法,以上文标定得到的海域反应谱为目标谱,提出了基于海域地震波反应谱的海域空间地震波模拟方法。

假定场地 n 个模拟点的地震波具有相同的自功率谱密度函数 $S_0(\omega)$,空间地震波的行波效应和相干损失通过相干函数模型来考虑,空间各模拟点的地震波功率谱密度函数矩阵为

$$S_{\text{off}}(i\omega) = \begin{bmatrix} \gamma_{11}(i\omega) & \gamma_{12}(i\omega) & \cdots & \gamma_{1n}(i\omega) \\ \gamma_{21}(i\omega) & \gamma_{22}(i\omega) & \cdots & \gamma_{2n}(i\omega) \\ \vdots & \vdots & & \vdots \\ \gamma_{n1}(i\omega) & \gamma_{n2}(i\omega) & \cdots & \gamma_{nn}(i\omega) \end{bmatrix} S_0(\omega) \tag{5.11}$$

式中,$\gamma_{ij}(i\omega)$ 为 i 点和 j 点的相干函数;通过 Kual 提出的近似转换关系,$S_0(\omega)$ 由地震波加速度反应谱 $\text{RSA}(\omega)$ 转换得到,公式如下:

$$S_0(\omega) = \frac{2\xi}{\pi\omega} \text{RSA}^2(\omega) \Big/ \left\{ -2\ln\left[\frac{-\pi}{\omega T} \ln(1-r) \right] \right\} \tag{5.12}$$

式中,ζ 为阻尼比;r 为超越概率;T 为地震波持时;ω 为角频率。

对式(5.11)进行 Cholesky 分解:

$$S_{\text{off}}(i\omega) = L(i\omega)L^{\text{H}}(i\omega) \tag{5.13}$$

式中

$$L(i\omega) = \begin{bmatrix} L_{11}(i\omega) & L_{12}(i\omega) & \cdots & L_{1n}(i\omega) \\ L_{21}(i\omega) & L_{22}(i\omega) & \cdots & L_{2n}(i\omega) \\ \vdots & \vdots & & \vdots \\ L_{n1}(i\omega) & L_{n2}(i\omega) & \cdots & L_{nn}(i\omega) \end{bmatrix} \tag{5.14}$$

则模拟点 i 的地震波在频域内可表示为

$$U_i(i\omega_n) = \sum_{m=1}^{i} B_{im}(\omega_n)\left[\cos\alpha_{im}(\omega_n) + i\sin\alpha_{im}(\omega_n) \right] \quad (n = 1, 2, \cdots, N) \tag{5.15}$$

式中

$$B_{im}(\omega_n) = \sqrt{4\Delta\omega} \, |L(i\omega_n)| / 2 \tag{5.16}$$

$$\alpha_{im}(\omega_n) = \arctan\left(\frac{\text{Im}[L_{im}(i\omega)]}{\text{Re}[L_{im}(i\omega)]}\right) + \varphi_{mn}(\omega_n) \quad (0 \leqslant \omega \leqslant \omega_N) \tag{5.17}$$

式中，ω_n 为圆频率；$\Delta\omega$ 为频率间隔；ω_N 为上限截止频率，$B_{im}(\omega_n)$ 为地震波第 n 个离散频率处的幅值；$\alpha_{im}(\omega_n)$ 为地震波第 n 个离散频率处的相位角；$\varphi_{mn}(\omega_n)$ 为在 $[0,2\pi]$ 之间均匀分布的随机相位角；N 为频率离散点数。

对 $U_i(i\omega_n)$ 进行傅里叶逆变换，得到模拟点 i 在时域上的平稳加速度时程 $u_i(t)$，将其乘以强度包络线 $\zeta(t)$，最终得到非平稳的地震波加速度时程 $x_i(t)$，公式如下：

$$x_i(t) = \zeta(t)u_i(t) \tag{5.18}$$

基于反应谱生成地震波的计算反应谱往往不能满足目标反应谱的要求，需要通过目标反应谱与计算反应谱的比值调整幅值谱，重新生成地震波，不断地循环迭代，直至空间各点计算反应谱 $S_{ai}(\omega)$ 与目标反应谱 $S_a(\omega)$ 在控制频率点的平均相对误差 $E(\omega)$ 小于限值 $[E]$（本书取限值 $[E]=5\%$），计算公式为

$$E(\omega) = \frac{|S_{ai}(\omega) - S_a(\omega)|}{S_a(\omega)} \times 100\% \tag{5.19}$$

Hao 等指出，修正空间各点地震波的幅值谱对地震波相干性的影响有限，因此该方法可以用来调整地震波反应谱。上述海域空间多点地震波模拟流程图如图 5.17 所示。

5.3.2 地震波模拟方法算例

根据 5.3.1 节的拟合方法，本算例以某具体的场地条件和地震波参数为例，来说明本书提出的基于海域反应谱的海域地震波拟合思路的实现及拟合结果。

拟合目标：目标反应谱拟采用 5.2.3 节所标定的海域反应谱。水平向设计基本地震加速度取 $PGA_H=0.20$，海域竖向设计基本地震加速度取 $PGA_V=0.035\,6g$。相干函数模型参数取 $\beta=1.109\times10^{-4}$、$a=3.583\times10^{-3}$、$b=-1.811\times10^{-5}$、$c=1.177\times10^{-4}$ 以模拟高度相干，视波速取值为 $v_{app}=400$ m/s。采样频率取 $f_s=100$ Hz，地震波持时取 $T=20$ s；上限截止频率设定 $f_u=25$ Hz；地震波的随机相位角假设随机分布在 $[0,2\pi]$ 区间内。本书的海域平整场地是模拟实际场地条件的示意图，取沿地震传播方向上间距 $d_{AB}=100$ m 的两个点。假定场地抗震设防烈度为 8 度，如图 5.18 所示。

拟合过程：本程序合成时，根据 5.3.1 节介绍的地震波模拟方法，生成海底土层表面 A、B 两模拟点的地震波时程。

模拟点 A 与 B 的海域空间地震波加速度时程分别如图 5.19(a)、图 5.19(b) 所示。模拟点 A 与 B 的水平向 PGA_H 分别为 2.00 m/s²（0.204g）和 2.06 m/s²（0.211g），竖向 PGA_V 分别为 0.301 m/s²（0.030 7g）和 0.302 m/s²（0.030 9g），与前文所述的水平向目标 PGA 值（0.2g）和竖向目标 PGA 值（0.035 6g）极为接近。

图 5.20、图 5.21 分别是模拟点 A 与 B 地震波计算反应谱与目标反应谱的比较，可以看出，经过迭代调整后的地震波反应谱非常接近目标反应谱。

图 5.22 给出了模拟点 A 与 B 实际相干性和目标相干函数的对比情况，可以看出，模拟点 A 与 B 的地震波之间的相干性与目标值吻合较好。

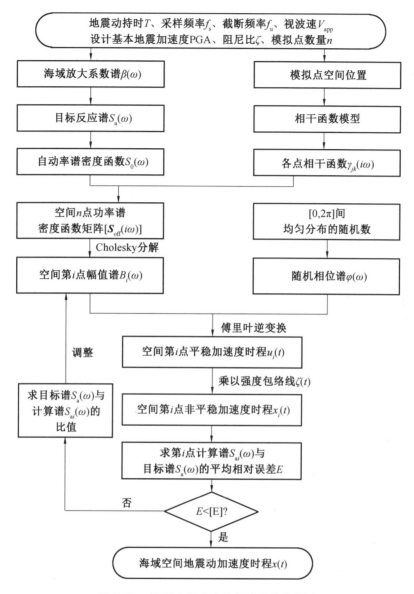

图 5.17　海域空间多点地震波模拟流程图

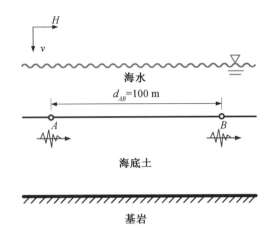

图 5.18　海域场地示意简图

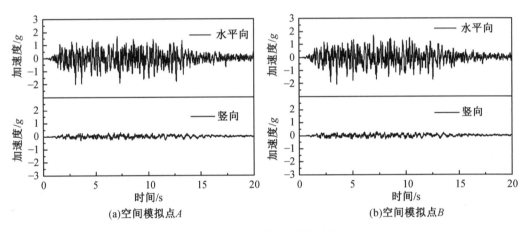

(a)空间模拟点A　　　　　　　　　　　　(b)空间模拟点B

图 5.19　地震波加速度时程

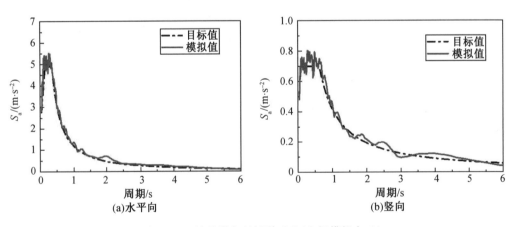

(a)水平向　　　　　　　　　　　　(b)竖向

图 5.20　计算谱与目标谱对比(空间模拟点 A)

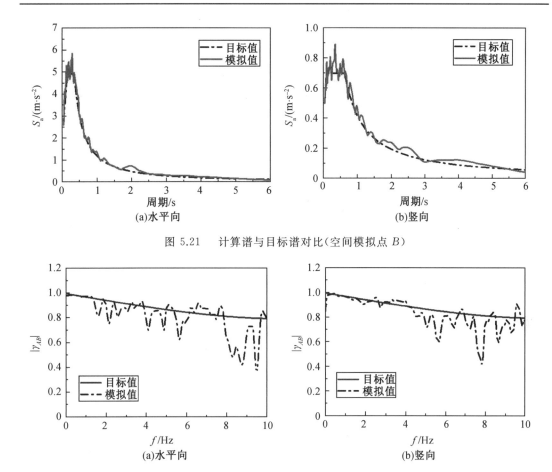

图 5.21　计算谱与目标谱对比(空间模拟点 B)

图 5.22　空间地震波相干性对比(A 点与 B 点)

5.4　考虑局部场地效应的海域地震动模拟

5.4.1　地震波模拟方法

5.3 节基于假定海域地震波加速度反应谱模型的模拟方法对海域地震波进行模拟,但是由于海域实测地震波数据有限,对海域地震波反应谱的研究需要收集更多的地震波记录以进一步验证和发展。而且,该方法无法分析比较海域与陆地场地效应的差异。本节通过海域场地地震波传递函数考虑海水层和海底土层对地震波传播的影响,基于基岩地震波功率谱模型拟合海域地震波。

在介绍本书考虑局部场地效应的海域地震波模拟方法前,先介绍本书如何考虑局部场地效应,首先,海底表层常常存在接近饱和或完全饱和的淤泥软土层,海底土层的饱和度的微小变化会导致土层中 P 波传播速度和土层泊松比的显著变化,从而对海域场地的地震波传递函数造成很大的影响。因此,在拟合海域地震波时考虑海底土层饱和度对地震波放大效应的影响是十分必要的。还有研究表明,海水层会直接影响 P 波的传播。结合这两者局部场地效应,基于一维波传播理论推导出本书的海域场地地震波传递函数,通过下面介绍的考虑海底表层和海水层对海域地震波的影响以及结合一维波传播理论,方便理解海域场地地震波传递函数的推导过程以及考虑局部场地效应的海域地震波模拟方法。

首先,考虑海底表层的影响,Yang 和 Sato 通过研究土层饱和度对 P 波传播的影响,提出了含水土层中 P 波传播速度和含水土体泊松比的计算公式:

$$V_P = \sqrt{\frac{\lambda + 2G + \alpha^2 M}{\rho}} \tag{5.20}$$

$$\upsilon = \frac{1}{2} \frac{\alpha^2 M/G + 2\upsilon'/(1-2\upsilon')}{\alpha^2 M/G + 1/(1-2\upsilon')} \tag{5.21}$$

式中,G 为土骨架的剪切模量;υ' 为土骨架的泊松比;λ 为土骨架的拉梅常数;$\rho = (1-n)\rho_s + n\rho_f$ 为含水土体的密度,ρ_s 和 ρ_f 分别为土颗粒和孔隙流体的密度;α、M 分别为与土颗粒和孔隙流体压缩性相关的系数,计算公式如下:

$$\alpha = 1 - \frac{K_b}{K_s}, \quad M = \frac{K_s^2}{K_d - K_B} \tag{5.22}$$

$$K_d = K_s\left[1 + n\left(\frac{K_s}{K_f} - 1\right)\right] \tag{5.23}$$

式中,K_s 和 K_b 分别为土颗粒和土骨架的体积模量;K_f 为孔隙流体的体积模量,其表达式为

$$K_f = \frac{1}{1/K_w + (1-S_r)/p_a} \tag{5.24}$$

式中,K_w 为孔隙水的体积模量;S_r 为土层饱和度;P_a 为土层孔隙水压力。

考虑海水层的影响,Li 等基于流体动力学基本方程和一维波传播理论推导了海域场地海水层动力刚度矩阵 $[S^w]$,计算公式如下:

$$[S^w] = \frac{K_w^* \omega}{l_x s c_p^* \sin ksd}\begin{bmatrix} \cos ksd & -1 \\ -1 & \cos ksd \end{bmatrix} \tag{5.25}$$

式中,K_w^* 为考虑了迟滞阻尼的海水体积模量,$K_w^* = K(1+2\xi i)$;ξ 为海水层的阻尼比;ω 为角频率;l_x 为 P 波入射角的余弦值;c_p^* 为考虑了迟滞阻尼的 P 波波速,$c_p^* = c_p(1+2\xi i)$,ξ 为海水层的阻尼比;k 为波数,$k = \omega/c$,ω 为角频率,c 为波的相位速度;s 为 P 波入射角的正切值;d 为海水层厚度。

基于一维波传播理论,假设地震波从基岩经过海底土层传播到海水层底部这个过程中,平面外地震波仅由 SH 波引起,平面内地震波由 P 波与 SV 波共同引起。平面外地震波 SH 波、平面内地震波 SV 波和 P 波在海域场地传播示意图如图 5.23 所示。图 5.23 中,u_{X2}、u_{Y2}、u_{Z2} 表示基岩处三向位移幅值,u_{Z1}、u_{X1}、u_{Y1} 表示海水层底部三向位移幅值;θ_{SH}、θ_{SV}、θ_P 分别代表基岩中 SH 波、SV 波、P 波的入射角度。

平面外 SH 波作用下的场地动力平衡方程表达式为

$$[S_{SH}]\{u_{SH}\} = \{P_{SH}\} \tag{5.26}$$

式中,$[S_{SH}]$ 为海域场地平面外方向的动力刚度矩阵;$\{u_{SH}\}$ 为 SH 波作用下的场地位移;$\{P_{SH}\}$ 为 SH 波作用下的荷载向量。

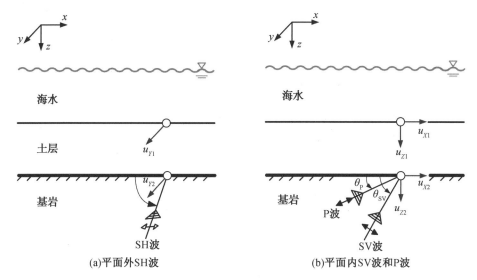

图 5.23　　海域场地地震波传播示意图

平面内 P 波和 SV 波共同作用下的场地动力平衡方程表达式为

$$[S_{\text{P-SV}}]\{u_{\text{P-SV}}\} = \{P_{\text{P-SV}}\} \tag{5.27}$$

式中,$[S_{\text{P-SV}}]$ 为海域场地平面内方向的动力刚度矩阵;$\{u_{\text{P-SV}}\}$ 为 P 波和 SV 波共同作用下的场地位移;$\{P_{\text{P-SV}}\}$ 为 P 波和 SV 波共同作用下的荷载向量。不同介质中 P 波和 SV 波的传播速度满足以下条件:

$$c = c_{\text{P}}^{*\text{R}}/l_x^{\text{R}} = c_{\text{SV}}^{*\text{R}}/m_x^{\text{R}} \tag{5.28}$$

式中,$c_{\text{P}}^{*\text{R}}$ 为基岩处 P 波波速;$c_{\text{SV}}^{*\text{R}}$ 为基岩处 SV 波波速;l_x^{R} 为 P 波传播角度的余弦值;m_x^{R} 为 SV 波传播角度的余弦值;c 为相位速度。

以上就是海域场地地震波传递函数的推导过程,本书下面提出的考虑海域局部场地条件即基于海域场地地震波传递函数求出海域地震波。基于此,本书根据 Hao 等提出的基于三角级数法空间地震波模拟方法,结合本节介绍的海域场地地震波传递函数模拟海域地震波,该方法可以考虑海域局部场地条件以及海水层对场地放大效应的影响。故考虑局部场地效应的海域地震波模拟思路如下:

(1)确定基岩处模拟点地震波谱模型,计算基岩处地震波功率谱密度函数 $S_{\text{R}}(\omega)$。一般情况下,震源到结构所处场地的距离远大于大跨结构各支撑点的距离,因此可以假定基岩处各模拟点地震波具有相同强度,即具有一致的功率谱密度函数。

(2)按照本书介绍的一维波传播理论和海域场地海水层的动力刚度矩阵 $[S^w]$ 计算方法计算海域场地地震波传递函数 $H(i\omega)$。

将海底场地动力刚度矩阵 $[S_{\text{SH}}]$、$[S_{\text{P-SV}}]$ 分别代入平面外和平面内场地动力平衡方程式(5.27)、式(5.28),可以求得海水层底部与基岩处地震波幅值之比,即为海域场地地震波传递函数 $H(i\omega)$。

其中,海域场地平面外方向的动力刚度矩阵 $[S_{\text{SH}}]$ 由平面外 SH 波作用下基岩动力刚度矩阵 $[S_{\text{SH}}^{\text{R}}]$ 以及平面外 SH 波作用下海底土层动力刚度矩阵 $[S_{\text{SH}}^{\text{L}}]$ 组合得到;海域场地平面内方向的动力刚度矩阵 $[S_{\text{P-SV}}]$ 由海水层动力刚度矩阵 $[S^w]$、平面内 P 波与 SV 波共同作用下基岩的动力刚度矩阵$[S_{P-SV}^R]$和海底土层的动力刚度矩阵$[S_{P-SV}^L]$组合得到。基岩平面外和平面内方向的动力刚度矩阵$[S_{SH}^R]$、$[S_{P-SV}^R]$可以根据 Wolf 提出的一维波传播理论直接求得。而海底土层平面外和平面内方向的动力刚度矩阵$[S_{SH}^L]$、$[S_{P-SV}^L]$需要将式(5.20)、式(5.21)代入 Wolf 提出的一般土层的动力刚度矩阵中,以考虑海底土层中饱和度对 P 波的影响。

(3) 计算海域场地地震波功率谱密度函数矩阵$S(i\omega)$。

仅考虑场地的线弹性响应,海水层底部模拟点的自功率谱密度函数$S_{jj}(\omega)$和任意两点地震波之间的互功率谱密度函数$S_{jk}(\omega)$计算公式如下:

$$S_{jj}(\omega) = |H_j(j\omega)|^2 S_R(\omega) \quad (j,k=1,2,3,\cdots,n) \tag{5.29}$$

$$S_{jk}(\omega) = H_j(j\omega) H_k^*(j\omega) \gamma_{j'k'}(j\omega) S_R(\omega) \quad (j,k=1,2,3,\cdots,n) \tag{5.30}$$

式中,$S_R(\omega)$为基岩处地震波功率谱密度函数;$H_j(j\omega)$、$H_k(j\omega)$分别为海水层底部j、k模拟点的地震波传递函数,右上标"$*$"表示共轭复数;$\gamma_{j'k'}$为基岩处j'、k'模拟点地震波之间的相干损失函数。

海域场地地震波功率谱密度函数矩阵由模拟点的自功率谱密度函数$S_{jj}(\omega)$和任意两点地震波之间的互功率谱密度函数$S_{jk}(\omega)$组合得到,计算公式如下:

$$S(i\omega) = \begin{bmatrix} S_{11}(i\omega) & S_{12}(i\omega) & \cdots & S_{1n}(i\omega) \\ S_{21}(i\omega) & S_{22}(i\omega) & \cdots & S_{2n}(i\omega) \\ \vdots & \vdots & & \vdots \\ S_{n1}(i\omega) & S_{n2}(i\omega) & \cdots & S_{nn}(i\omega) \end{bmatrix} \tag{5.31}$$

式中,$S(i\omega)$为正定 Hermite 矩阵,可通过 Cholesky 分解为

$$S(i\omega) = L(i\omega) L^H(i\omega) \tag{5.32}$$

其中,

$$L(i\omega) = \begin{bmatrix} L_{11}(i\omega) & L_{12}(i\omega) & \cdots & L_{1n}(i\omega) \\ L_{21}(i\omega) & L_{22}(i\omega) & \cdots & L_{2n}(i\omega) \\ \vdots & \vdots & & \vdots \\ L_{n1}(i\omega) & L_{n2}(i\omega) & \cdots & L_{nn}(i\omega) \end{bmatrix} \tag{5.33}$$

(4) 计算各模拟点在频域上的幅值谱和相位谱,并生成各点地震波。

基于式(5.34),海水层底部模拟点i的幅值谱$B_{im}(\omega_n)$和相位谱$\alpha_{im}(\omega_n)$的计算表达式分别如下:

$$B_{im}(\omega_n) = \sqrt{4\Delta\omega}\, |L_{im}(i\omega_n)|/2 \tag{5.34}$$

$$\alpha_{im}(\omega_n) = \arctan\left(\frac{\text{Im}[L_{im}(i\omega_n)]}{\text{Re}[L_{im}(i\omega_n)]}\right) + \varphi_{mn}(\omega_n) \quad (0 \leqslant \omega_n \leqslant \omega_N) \tag{5.35}$$

式中,ω_n为圆频率;$\Delta\omega$为频率间隔;ω_N为上限截止频率;$\varphi_{mn}(\omega_n)$为在$[0,2\pi]$之间均匀分布的随机相位角;N为频率离散点数。

基于式(5.35)与式(5.36),频域上的各点地震波计算表达式如下:

$$U_i(i\omega_n) = \sum_{m=1}^{i} B_{im}(\omega_n)[\cos\alpha_{im}(\omega_n) + i\sin\alpha_{im}(\omega_n)] \quad (n=1,2,\cdots,N) \tag{5.36}$$

对$U_i(i\omega_n)$进行傅里叶逆变换,得到模拟点i在时域上的平稳加速度时程$u_i(t)$,将其乘

以强度包络线 $\zeta(t)$，最终得到非平稳的地震波加速度时程 $x_i(t)$，公式如下：

$$x_i(t) = \zeta(t)u_i(t) \tag{5.37}$$

其中，以上步骤的关键部分之一为海域场地地震波传递函数的生成。本书通过 MATLAB 软件编程，实现海域场地地震波传递函数以及海底土层表面的地震波时程的生成，其中关键部分的海域场地地震波传递函数生成的程序编写流程如图 5.24 所示。

5.4.2　地震波模拟方法算例

根据 5.4.1 节的拟合方法，本算例以某具体的场地条件和地震波参数为例，来说明本书提出的考虑局部场地效应的海域地震波拟合思路的实现及拟合结果。

拟合目标：功率谱密度函数模型采用 Clough 和 Penzien 提出的修正 Tajimi—Kanai 功率谱密度函数模型；$\xi_f = \xi_g = 0.6$、$\omega_f = 0.5\pi$ rad/s、$\omega_g = 10\pi$ rad/s、$S_0 = 0.003\ 1\ m^2/s^3$；基岩地震波竖向与水平向的反应谱幅值比为 1/2；采样频率和地震波持时分别取 100 Hz 和 20 s，上限截止频率设定为 25 Hz，假设地震波的相位角随机分布在区间 $[0, 2\pi]$ 内；相干函数模型采用 Hao 提出的相干函数模型；相干函数模型参数取 $\beta = 1.109 \times 10^{-4}$、$a = 3.583 \times 10^{-3}$、$b = -1.811 \times 10^{-5}$、$c = 1.177 \times 10^{-4}$ 以模拟高度相干，视波速取值为 $v_{app} = 1\ 768$ m/s。选取图 5.25 的海域场地，其中模拟点 A、B 位于海底土层表面，点 A'、B' 分别对应模拟点 A、B 的基岩场地，两个模拟点水平相距 $d_{AB} = 200$ m。

拟合过程：本程序合成时，根据 5.4.1 节介绍的地震波模拟方法，生成基岩处 A'、B' 点地震波、海域场地地震波传递函数以及海底场地土表面 A、B 两模拟点的地震波时程。

（1）基岩处 A'、B' 点地震波。

图 5.26 给出了基岩处模拟点 A'、B' 的水平向加速度时程。基岩处模拟点 A' 与 B' 的水平向 PGA 分别为 2.389 m/s²（0.244g）和 2.409 m/s²（0.246g），与前文选取的基本参数所对应的水平向目标 PGA 值（0.2g）相近。由于不同基岩点的地震波均由修正的 Tajimi—Kanai 功率谱密度函数模拟得到，两基岩点间的行波效应和相干效应通过相干函数模型考虑，因此，基岩点 A' 与 B' 的地震波差异较小，两点处的 PGA 模拟值也十分接近。

图 5.27 给出了基岩点 A'、B' 水平向地震波功率谱密度函数与修正 Tajimi—Kanai 功率谱密度函数模型的比较情况，可以发现，模拟值与目标值吻合较好。

图 5.28 给出了基岩点 A'、B' 处地震波之间的相干性与目标相干模型的比较情况，同样可以看出，基岩处两个模拟点的模拟地震波间的相干性与目标值吻合较好。

（2）海域场地地震波传递函数。

海域与陆地场地地震波传递函数结果如图 5.29 所示。

（3）海底场地土表面 A、B 点地震波。

图 5.30 给出海底场地土表面模拟点 A 和 B 处的地震波加速度时程。

图 5.31 和图 5.32 分别比较了模拟点 A 和 B 处地震波功率谱密度函数与目标功率谱密度函数。可以看出，模拟值与目标值吻合较好。

读入海水层参数，场地参数等信息
W=[2340.00,10.25,80.00,0.330,0.015]
P1=[16,20,220,25,1800;16,16,20,18,23;2,15,6,10,
1500; 0.45,0.40,0.33,0.40,0.33;
0.05,0.05,0.05,0.05,0.05;0.25,0.3,0.35,0.3,0;
0.9997,1,1,1,0; 150,150,150,150,0;
3.6*10^10,3.6*10^10,3.6*10^10,3.6*10^10,0;
8.67*10^7,8.67*10^7,8.67*10^7,8.67*10^7,0];

計算平面外场地总刚度矩阵（土层刚度矩阵、
基岩刚度矩阵）
```
for m=2:Nw
    K(1,1,m)=k11(1,1,m);
    K(1,2,m)=k12(1,1,m);
    for n=1:Nl
        for j=2:Nl-1
        if j-1<=n<=j+1
K(j,j-1,m)=k21(j-1,1,m);
K(j,j,m)=k22(j-1,1,m)+k11(j,1,m);
K(j,j+1,m)=k12(j,1,m);
    else
    K(j,n,m)=0;
        end
    end
    end
    K(Nl,Nl-1,m)=k21(Nl-1,1,m);
    K(Nl,Nl,m)=k22(Nl-1,1,m)+k_R(1,1,m);
end
```

計算平面外地震动的传递函数
```
for m=2:Nw
KK(:,:,m)=K(:,:,m)^(-1);
    for j=1:Nl
HH(j,:,m)=(KK(j,Nl,m)*k_R(1,1,m));
H1(j,m)=squeeze(HH(j,:,m));
    end
end
H_SH=H1(1,:);
H_SH(1)=1;
```

計算平面内场地总刚度矩阵(海水层刚度矩
阵、海底土层刚度矩阵、基岩刚度矩阵)

計算平面内地震动的传递函数
```
for m=2:Nw
    KK(:,:,m)=K(:,:,m)^(-1);
    for j=1:nL-1;
HH1(j,:,m)=(KK(2*j,2*nL,m)*(k_R11(1,1,m)+r*
1i*k_R12(1,1,m))+KK(2*j,2*nL+1,m)*(k_R21(1
,1,m)+1i*r*k_R22(1,1,m)));
HH3(j,:,m)=((KK(2*j+1,2*nL,m)*(k_R11(1,1,m)
*(1/r)+1i*k_R12(1,1,m))+KK(2*j+1,2*nL+1,m)*
(k_R21(1,1,m)*(1/r)+1i*r*k_R22(1,1,m))));
H1(j,m)=squeeze(HH1(j,:,m));
H3(j,m)=squeeze(HH3(j,:,m));
    end
end
H_PSVH=H1(1,:);H_PSVV=H3(1,:);H_PSVH(1)
=1;H_PSVV(1)=1;
```

計算海域场地地震动传递函数

計算平面内场地的总刚度矩阵：
```
for m=2:Nw
K(1,1,m)=k_W11(1,1,m);
K(1,2,m)=k_W12(1,1,m);
K(1,3,m)=k_W13(1,1,m);
K(2,1,m)=k_W21(1,1,m);
K(2,2,m)=k_W22(1,1,m)+k11(1,1,m);
K(2,3,m)=k_W23(1,1,m)+k12(1,1,m);
K(2,4,m)=k13(1,1,m);
K(2,5,m)=k14(1,1,m);
K(3,1,m)=k_W31(1,1,m);
K(3,2,m)=k_W32(1,1,m)+k21(1,1,m);
K(3,3,m)=k_W33(1,1,m)+k22(1,1,m);
K(3,4,m)=k23(1,1,m);
K(3,5,m)=k24(1,1,m);
for n=1:nL
    for j=2:nL-1
    if j*2-2<=n<=j*2+3
K(j*2,j*2-2,m)=k31(j-1,1,m);
K(j*2,j*2-1,m)=k32(j-1,1,m);
K(j*2,j*2+0,m)=k33(j-1,1,m)+k11(j,1,m);
K(j*2,j*2+1,m)=k34(J-1,1,m)+k12(j,1,m);
K(j*2,j*2+2,m)=k13(j,1,m);
K(j*2,j*2+3,m)=k14(j,1,m);
K(j*2+1,j*2-2,m)=k41(j-1,1,m);
K(j*2+1,j*2-1,m)=k42(j-1,1,m);
K(j*2+1,j*2+0,m)=k43(j-1,1,m)+k21(j,1,m);
K(j*2+1,j*2+1,m)=k44(j-1,1,m)+k22(j,1,m);
K(j*2+1,j*2+2,m)=k23(j,1,m);
K(j*2+1,j*2+3,m)=k24(j,1,m);
else K(:,:,m)=0;
    end
    end
end
K(2*nL,2*nL-2,m)=k31(nL-1,1,m);
K(2*nL,2*nL-1,m)=k32(nL-1,1,m);
K(2*nL,2*nL-0,m)=k33(nL-1,1,m)+k_R11(1,1,m);
K(2*nL,2*nL+1,m)=k34(nL-1,1,m)+k_R12(1,1,m);
K(2*nL+1,2*nL-2,m)=k41(nL-1,1,m);
K(2*nL+1,2*nL-1,m)=k42(nL-1,1,m);
K(2*nL+1,2*nL-0,m)=k43(nL-
1,1,m)+k_R21(1,1,m);
K(2*nL+1,2*nL+1,m)=k44(nL-
1,1,m)+k_R22(1,1,m);
end
```

計算海域场地地震动传递函数：
```
HSH(1,:)=H_SH0(fs,Nfft,P1,fai);
HSH(2,:)=H_SH0(fs,Nfft,P2,fai);
HSH(3,:)=H_SH0(fs,Nfft,P3,fai);
[HPSVH(1,:),HPSVV(1,:)]=H_PSV(fs,Nfft,W,P1,fai,
r);
[HPSVH(2,:),HPSVV(2,:)]=H_PSV(fs,Nfft,W,P2,fai,
r);
[HPSVH(3,:),HPSVV(3,:)]=H_PSV(fs,Nfft,W,P3,fai,
r);
```

图 5.24　海域场地地震波传递函数生成的主要程序代码

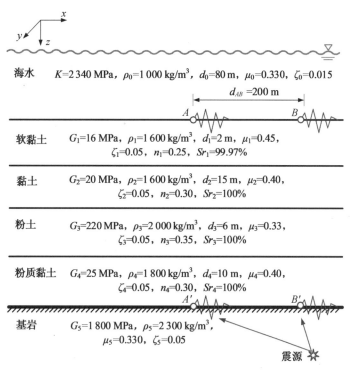

图 5.25　海域场地示意图

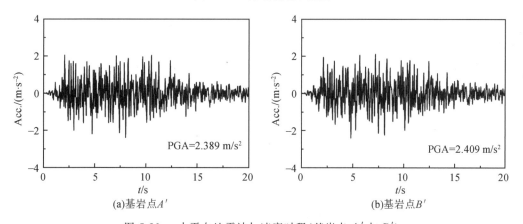

(a)基岩点 A'　　　　　　　　(b)基岩点 B'

图 5.26　水平向地震波加速度时程(基岩点 A' 与 B')

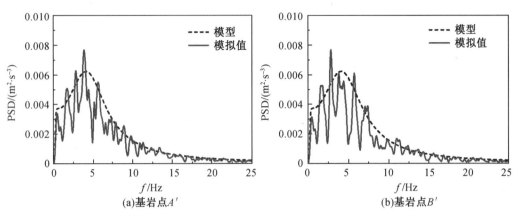

图 5.27　水平向地震波功率谱密度函数与目标功率谱模型的对比（基岩点 A' 与 B'）

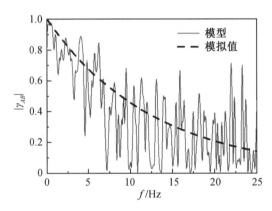

图 5.28　相干性与目标相干函数的对比（基岩点 A' 与 B'）

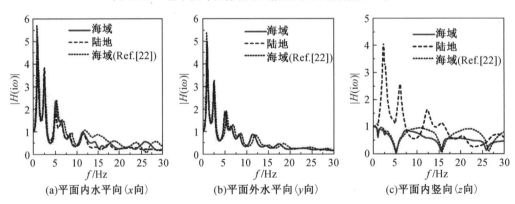

图 5.29　海域与陆地场地地震波传递函数结果

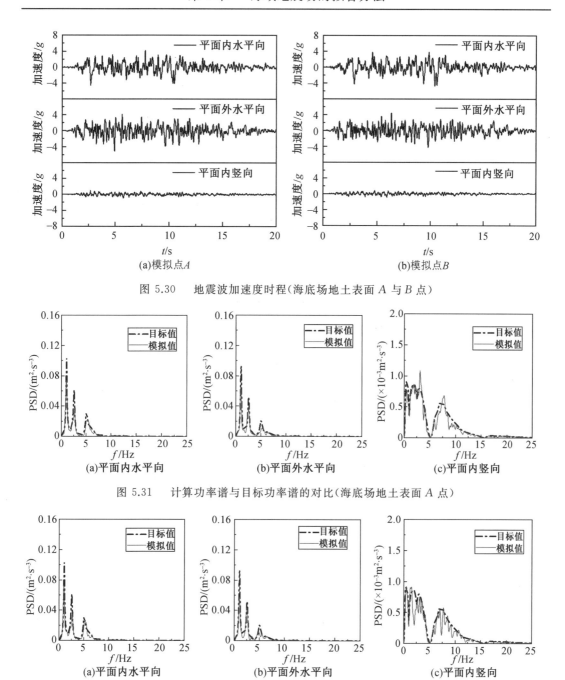

(a)模拟点A　　　　　　　　　　　　　　　(b)模拟点B

图 5.30　　地震波加速度时程（海底场地土表面 A 与 B 点）

(a)平面内水平向　　　　(b)平面外水平向　　　　(c)平面内竖向

图 5.31　　计算功率谱与目标功率谱的对比（海底场地土表面 A 点）

(a)平面内水平向　　　　(b)平面外水平向　　　　(c)平面内竖向

图 5.32　　计算功率谱与目标功率谱的对比（海底场地土表面 B 点）

参 考 文 献

[1] 温玉婷,李宁,刘雪琴,等.汶川地震与唐山地震损失与救助之对比 [J].灾害学,2010,25
(2):68-72,111.

[2] 顾林生,杨大千."3·11"东日本大地震灾害调查评估报告 [J].中国减灾,2021(23):34-
39.

[3] 陆新征,曾翔,许镇,等.建设地震韧性城市所面临的挑战 [J].城市与减灾,2017,115
(4):29-34.

[4] 贾晗曦,林均岐,刘金龙.全球地震灾害发展趋势综述 [J].震灾防御技术,2019,14(4):
821-828.

[5] REID H F .The machanism of the earthquake,in The California Earthquake of April
18,1906 [J].Report of the State Earthquake Investigation Commission,1910,2.

[6] ISHIMOTO M.Existence dune source quadruple au foyer sismique apres etude de la
distribution des mouvements ini-tiaux des secousses sismiques [J].Bulletin of the
Earthquake Research Institute(Tokyo Imperial University),1932,10:449-471.

[7] SYKES L R.Mechanism of earthquakes and nature of faulting on the mid-oceanic
ridges[J].Journal of Geophysical Research,1967,72(8):2131-2153.

[8] ISACKS B,OLIVER J,SYKES L R.Seismology and the new global tectonics [J].Jour-
nal of Geophysical Research,1968,73(18):5855-5899.

[9] GREEN H W,HOUSTON H.The mechanics of deep earthquakes [J].Annual Review
of Earth and Planetary Sciences,1995,23(1):169-213.

[10] HOBBS B E,ORD A.Plastic instabilities:implications for the origin of intermediate
and deep focus earthquakes [J].Journal of Geophysical Research:Solid Earth,1988,
93(B9):10521-10540.

[11] GRIGGS D T.The sinking lithosphere and the focal mechanism of deep earthquakes
[M].New York:Wiley Interscience,1972.

[12] OGAWA M.Shear instability in a viscoelastic material as the cause of deep focus
earthquakes [J].Journal of Geophysical Research:Solid Earth,1987,92(B13):13801-
13810.

[13] MEADE C,JEANLOZ R.Acoustic emissions and shear instabilities during phase
transformations in Si and Ge at ultrahigh pressures [J].Nature,1989,339(6226):
616-618.

[14] 梅世蓉.地震前兆场物理模式与前兆时空分布机制研究(一):坚固体孕震模式的由来
与证据 [J].地震学报,1995,17(3):273-282.

[15] 秦保燕.地震成因的综合模型和强震预报 [J].西北地震学报,1996,18(4):83-92,93.

[16] 黄广思,黄江,陈蜀俊,等.一种可能的地震成因模型[J].大地测量与地球动力学, 2004,24(1):99-104.

[17] 李仕宏.地震成因:地球自转变速、变形振荡[J].大地测量与地球动力学,2009,29 (S1):163-173.

[18] 杜建国,仵柯田,孙凤霞.地震成因综述[J].地学前缘,2018,25(4):255-267.

[19] 刘斌.地震学原理与应用[M].2版.合肥:中国科学技术大学出版社,2020.

[20] 杨庆山,田玉基.地震地面运动及其人工合成[M].北京:科学出版社,2014.

[21] 国家标准化管理委员会,国家质量监督检验检疫总局.地震震级的规定:GB 17740— 2017[S].北京:中国标准出版社,2017.

[22] 国家标准化管理委员会,国家市场监督管理总局.中国地震烈度表:G/T 17742—2020 [S].北京:中国标准出版社,2021.

[23] 赵克常.地震概论[M].北京:科学出版社,2013.

[24] 冯锐.趣味地震学:张衡改写了历史[J].地震科学进展,2021,(1):38-48.

[25] 熊仲华.地震观测技术[M].北京:地震出版社,2006.

[26] 刘瑞丰,高景春,陈运泰,等.中国数字地震台网的建设与发展[J].地震学报,2008 (5):533-539.

[27] 李永振,常银辉,姜金征.辽宁省强震动观测台网现状与展望[J].防灾减灾学报,2019, 35(S1):74-77.

[28] OKADA Y,KASAHARA K,HORI S,et al.Recent progress of seismic observation networks in Japan—Hi-net,F-net,K-net,KiK-net[J].Earth Planets & Space,2004, 56(8):15-28.

[29] AOI S,KUNUGI T,FUJIWARA H.Strong-motion seismograph network operated by NIED:K-Net and KiK-Net[J].Journal of Japan Association for Earthquake Engineering,2004,4(3):65-74.

[30] BOORE D M,THOMPSON E M,CADET H.Regional correlations of VS30 and velocities averaged over depths less than and greater than 30 meters[J].Bulletin of the Seismological Society of America,2011,101(6):3046-3059.

[31] POUSSE G,BERGE-THIERRY C,BONILLA L F,et al.Eurocode 8 design response spectra evaluation using the K-Net Japanese database[J].Journal of Earthquake Engineering,2005,9(4):547-574.

[32] 樊圆,胡进军,谢礼立.国外强震动数据库及其特点分析[J].国际地震动态,2018,48 (1):21-29.

[33] 翟长海,谢礼立,李爽,等.强地震动特征与抗震设计谱[M].哈尔滨:哈尔滨工业大学 出版社,2020.

[34] 董传雷,彭澎,张荣杉,等.江苏省断层形变台站水准观测数据质量评价[J].地震地磁 观测与研究,2022,43(02):104-109.

[35] 周越.海域地震动特性及场地影响分析[D].北京:中国地震局地球物理研究所,2020.

[36] EGUCHI T,FUJINAWA Y,FUJITA E,et al.A real-time observation network of o-

cean-bottom-seismometers deployed at the Sagami trough subduction zone, central Japan [J].Marine Geophysical Researches,20(2):73-94.

[37] KAWAGUCHI K,KANEKO S,NISHIDA T,et al.Construction of the DONET real-time seafloor observatory for earthquakes and tsunami monitoring [M].Berlin: Springer Berlin Heidelberg,2015:211-228.

[38] 连尉平,方国庆,杨大克,等.国际海洋地震观测最新进展和我国海洋地震观测发展探讨 [J].山西地震,2009(3):32-37,42.

[39] 许惠平,张艳伟,徐昌伟,等.东海海底观测小衢山试验站 [J].科学通报,2011,56(22): 1839-1845.

[40] HSIAO N C,LIN T W,HSU S K,et al.Improvement of earthquake locations with the Marine Cable Hosted Observatory(MACHO)offshore NE Taiwan [J].Marine Geophysical Research,2014,35(3):327-336.

[41] MCCANN M W J,BOORE D M.Variability in ground motions:Root mean square acceleration and peak acceleration for the 1971 San Fernando, California, earthquake [J].GeoScience World,1983,73(2):615-632.

[42] HUDSON D E.Parameters for seismic hazard mapping-A review [J].Bulletin of the Indian Society of Earthquake Technology,1992,29(3):1-14.

[43] DOWRICK D J.Earthquake Resistant Design [M].Chichester:John Wiley and Sons Press,1977.

[44] OHSAKI Y,WATABE M,TOHDO M.Analysis on seismic ground motion parameters including vertical components [C] Istanbul,Turkey:Proc of the 7th World Conference on Earthquake Engineering,1980.

[45] 胡聿贤.地震工程学 [M].北京:地震出版社,1988.

[46] 李英民,刘立平.工程结构的设计地震动 [M].北京:科学出版社,2011.

[47] 蒋溥,戴丽思.工程地震学概论 [M].北京:地震出版社,1993.

[48] VANMARCKE E H,LAI S S P.A measure of duration of strong ground motion [C] Istanbul,Turkey:Proc of the 7th World Conference on Earthquake Engineering, 1980.

[49] KAUL M K.Spectrum-consistent time-history generation [J].Journal of the Engineering Mechanics Division,1978,104(4):781-788.

[50] PFAFFINGER D D.Calculation of power spectra from response spectra [J].Journal of Engineering Mechanics,1983,109(1):357-372.

[51] 孙景江,江近仁.与规范反应谱相对应的金井清谱的谱参数 [J].世界地震工程,1990,6 (1):42-48.

[52] TAKIZAWA H,JENNINGS P C.Collapse of a model for ductile reinforced concrete frames under extreme earthquake motions[J].Earthquake Engineering and Structural Dynamic,1980,8(2):17-144.

[53] MAHIN S.Effects of duration and after shocks on design earthquakes [J].Istanbul,

Turkey：Proc of the 7th World Conference on Earthquake Engineering，1980.

［54］章在墉.地面运动持续时间的研究现状和前景［R］.北京：中国科学院工程力学研究所，1979.

［55］谢礼立，张晓志.地震动记录持时与工程持时［J］.地震工程与工程振动，1988，8（1）：31-38.

［56］BOLT B A.Duration of strong ground motion［C］.Rome，Italy：Proc of the 5th WCEE，1973.

［57］MARTIN W.Determining strong-motion duration of earthquake［J］.GeoScience World，1979，69（4）：1255-1265.

［58］谢礼立，周雍年.一个新的地震动持续时间定义［J］.地震工程与工程振动，1984，4（2）：27-35.

［59］NOVIKOVA E I，TRIFUNAC M D.Duration of strong ground motion in terms of earthquake magnitude，epicentral distance，site conditions and site geometry［J］.Earthquake Engineering and Structural Dynamic，1994，23（9）：1023-1043.

［60］TRIFUNAC M D，Brady A G.A study on the duration of strong earthquake ground motion［J］.GeoScience World，1975，65（3）：581-626.

［61］TRIFUNAC M D，WESTERMO B D.Duration of strong earthquake shaking［J］.Soil Dynamics and Earthquake Engineering，1982，1（3）：117-121.

［62］BOMMER J J，MARTINEZ-PEREIRA A.The prediction of strong-motion duration for engineering design［C］//11 th World Conference on Earthquake Engineering.Acapulco，Mexico，1996，84：23-28.

［63］CAILLOT V，BARD P Y.Band limited duration and spectral energy：Empirical dependence of frequency，magnitude，hypocentral distance and site condition［C］.Madrid，Spain：Proc of the 10th WCEE，1992.

［64］ZAHRAH T F，HALL W J.Earthquake energy absorption in SDOF structures［J］.Journal of Structural Engineering，1984，110（8）：1757-1772.

［65］BOGDANOFF J L，GOLDBERG J E，BERNARD M C.Response of a simple structure to a random earthquake-type disturbance［J］.Bulletin of the Seismological Society of America，1961，51（2）：293-310.

［66］SHINOZUKA M，SATO Y.Simulation of nonstationary random processes［J］.Journal of Engineering Mechanics Division，1967，93（1）：11-40.

［67］JENNINGS P C，HOUSNER G，TSAI N.Simulated earthquake motions［J］.Earthquake Engineering Research Lab，1968.

［68］李亚楠.工程用地震动模拟随机性方法研究［D］.大连：大连理工大学，2016.

［69］杨红，曹晖，白绍良.地震波局部时频特性对结构非线性响应的影响［J］.土木工程学报，2001，34（4）：78-82.

［70］SPANOS P D，GIARALIS A，POLITIS N P.Time-frequency representation of earthquake accelerograms and inelastic structural response records using the adaptive chirplet decomposition and empirical mode decomposition [J].Soil Dynamics and Earthquake Engineering,2007,27(7):675-689.

[71] CLOUGH R W,PENZIEN J.Dynamic of structures [M].New York:McGraw Hill, 1993.

[72] CAKIR T.Evaluation of the effect of earthquake frequency content on seismic behavior of cantilever retaining wall including soil-structure interaction [J].Soil Dynamics and Earthquake Engineering,2013,45:96-111.

[73] BASONE F,CAVALERI L,MUSCOLINO G,et al.Incremental dynamic based fragility assessment of reinforced concrete structures:Stationary vs.non-stationary artificial ground motions [J].Soil Dynamics and Earthquake Engineering,2017,103:105-117.

[74] KASHANI M M,MÁLAGA-CHUQUITAYPE C,YANG S J,et al.Influence of non-stationary content of ground-motions on nonlinear dynamic response of RC bridge piers [J].Bulletin of Earthquake Engineering,2017,15(9):3897-3918.

[75] IERVOLINO I,CORNELL C A.Probability of occurrence of velocity pulses in near-source ground motions [J].Bulletin of the Seismological Society of America,2008,98 (5):2262-2277.

[76] MAVROEIDIS G P.A mathematical representation of near-fault ground motions [J]. Bulletin of the Seismological Society of America,2003,93(3):1099-1131.

[77] BRAY J D,RODRIGUEZ-MAREK A.Characterization of forward-directivity ground motions in the near-fault region [J]. Soil Dynamics and Earthquake Engineering, 2004,24(11):815-828.

[78] SOMERVILLE P G.Characterizing near fault ground motion for the design and evaluation of bridges [J]. Proceedings of the Third National Seismic Conference and Workshop on Bridges and Highways,2002(1):137-148.

[79] MAKRIS N.Effect of damping mechanisms on the response of seismically isolated structures [R].Berkeley:Pacific Earthquake Engineering Research Center,University of California,1998.

[80] MAKRIS N,BLACK C J.Dimensional analysis of inelastic structures subjected to near fault ground motions [J].Earthquake Engineering Research Center,University of California,Berkeley,2003.

[81] MENUN C,QIANG F.An analytical model for near-fault ground motions and the response of SDOF systems [C].Auckland:12WCEE,2000.

[82] SHAHI S K,BAKER J W.An efficient algorithm to identify strong-velocity pulses in multicomponent ground motions [J]. Bulletin of the Seismological Society of America,2014,104(5):2456-2466.

[83] 侯烈,张龙奇,师新虎.近断层脉冲效应对大跨度结合梁斜拉桥地震响应的影响 [J].铁道科学与工程学报,2019,16(10):2514-2520.

[84] 张翠然,陈厚群.工程地震动模拟研究综述 [J].世界地震工程,2008,24(2):150-157.

[85] 李英民,赖明.工程地震动模型化研究综述及展望(I)—概述与地震学模型 [J].重庆建筑大学学报,1998,20(2):73-80.

[86] 杜修力,陈厚群.地震动随机模拟及其参数确定方法 [J].地震工程与工程振动,1994,14(4):1-5.

[87] 郭子雄,王妙芳.人造地震动合成的研究现状及展望 [J].华侨大学学报(自然科学版),2006,27(1):7-11.

[88] 金星,廖振鹏.地震动相位特性的研究 [J].地震工程与工程振动,1993,13(1):7-13.

[89] 朱昱,冯启民.相位差谱的分布特征和人造地震动 [J].地震工程与工程振动,1992,12(1):37-44.

[90] 赵凤新,胡聿贤,李小军.地震动相位差谱的统计规律 [J].自然灾害学报,1995,4(S1):49-56.

[91] 杨庆山,姜海鹏,陈英俊.基于相位差谱的时—频非平稳人造地震动的生成 [J].地震工程与工程振动,2001,21(3):10-16.

[92] 董汝博.多点地震动作用下海底悬跨管道非线性分析 [D].大连:大连理工大学,2007.

[93] 刘文华.大跨复杂结构在多点地震动激励作用下的非线性反应分析 [D].北京:北京交通大学,2007.

[94] SANAZ R.Stochastic modeling and simulation of ground motions for performance-based earthquake engineering [D].Berkely:University of California,Berkeley,2010.

[95] YANG D X,ZHOU J L.A stochastic model and synthesis for near-fault impulsive ground motions [J].Earthquake Engineering & Structural Dynamics,2015,44(2):243-264.

[96] YAN G Y,CHEN F Q.Seismic performance of midstory isolated structures under near-field pulse-like ground motion and limiting deformation of isolation layers [J].Shock and Vibration,2015,2015:730612.

[97] 樊剑,涂家祥,吕超,等.采用时频滤波技术的近断层脉冲地震人工模拟 [J].华中科技大学学报(自然科学版),2008,36(11):116-119.

[98] 江辉,朱晞.脉冲型地震动模拟与隔震桥墩性能的能量分析 [J].北京交通大学学报,2004,28(4):6-11.

[99] 李帅,张凡,颜晓伟,等.近断层地震动合成方法及其对超大跨斜拉桥地震响应影响 [J].中国公路学报,2017,30(2):86-97.

[100] 王宇航.近断层区域划分及近断层速度脉冲型地震动模拟 [D].成都:西南交通大学,2015.

[101] 刘新华,冯鹏程,邵旭东,等.海文跨海大桥设计关键技术 [J].桥梁建设,2020,50(2):73-79.

[102] 王济,胡晓.MATLAB 在振动信号处理中的应用 [M].北京:中国水利水电出版社,知识产权出版社,2006:53-55.

[103] 张彦仲,沈乃汉.快速傅里叶变换及沃尔什变换 [M].北京:航空工业出版社,1989.

[104] 李媛.小波变换及其工程应用 [M].北京:北京邮电大学出版社,2010.

[105] 税奇军,唐炳华,董赛鹰.连续傅里叶变换在通信原理和信号与系统课程中的应用[J].四川文理学院学报,2015,25(5):44-46.

[106] 王薇,刘文清,张天舒.利用傅里叶变换红外光谱技术连续测量环境大气中水汽的稳定同位素[J].光学学报,2014,34(1):300-306.

[107] 闵小翠,朱君,李鹏,等.基于离散傅里叶变换的多旋翼无人机循迹检测系统设计[J].计算机测量与控制,2021,29(6):69-73.

[108] 黄果.离散傅里叶变换在医学图像中的应用[J].电子世界,2020(11):163-164.

[109] 王彦杰.离散傅里叶变换在实际中的应用[J].宁德师范学院学报(自然科学版),2019,31(4):337-343.

[110] 王睿,周浩敏.测试信号处理技术[M].3版.北京:北京航空航天大学出版社,2019.

[111] 於玺.快速傅里叶变换在信号处理中的应用[J].信息记录材料,2021,22(10):184-186.

[112] 杨丽娟,张白桦,叶旭桢.快速傅里叶变换FFT及其应用[J].光电工程,2004(S1):1-37.

[113] 王中明.信号与系统[M].武汉:武汉大学出版社,2019.

[114] 刘世官,王勤,杨学广.短时傅里叶变换在压气机气动失稳分析中的应用[J].航空发动机,2003,29(2):8-10.

[115] 乌建中,陶益.基于短时傅里叶变换的风机叶片裂纹损伤检测[J].中国工程机械学报,2014,12(2):180-183.

[116] 郑武,王祝文,向旻,等.短时傅里叶变换在火成岩储层中裂缝识别中的应用[J].东华理工大学学报(自然科学版),2016,39(1):42-47.

[117] 陈双全,李向阳.应用傅里叶尺度变换提高地震资料分辨率[J].石油地球物理勘探,2015,50(2):213-218.

[118] 张帆,杨晓忠,吴立飞,等.基于短时傅里叶变换和卷积神经网络的地震事件分类[J].地震学报,2021,43(4):463-473,533.

[119] 倪林.小波变换与图像处理[M].合肥:中国科学技术大学出版社,2010.

[120] 刘琛.连续小波变换在生物医学信号处理中的应用[J].重庆大学学报(自然科学版),2003,26(8):23-26.

[121] 任宜春,李峰.连续小波变换在梁结构损伤诊断中的应用研究[J].振动、测试与诊断,2004,24(2):37-40.

[122] 邵婷婷,白宗文,周美丽.基于离散小波变换的信号分解与重构[J].计算机技术与发展,2014,24(11):159-161.

[123] 董伟航,胡勇,田广军,等.基于离散小波变换与遗传BP神经网络的木工刀具磨损状态监测[J].中南林业科技大学学报,2021,41(6):157-166.

[124] 黄文华,徐全军,沈蔚,等.小波变换在判断爆破地震危害中的应用[J].工程爆破,2001,7(1):24-27.

[125] 柳建新,韩世礼,马捷.小波分析在地震资料去噪中的应用[J].地球物理学进展,2006,21(2):541-545.

[126] 黄锷,塞缪尔.希尔伯特黄变换及其应用 [M].张海勇,韩东,王芳,等译.2 版.北京:国防工业出版社,2017.

[127] 王强,刘金辉,叶恒.希尔伯特—黄变换在地震资料去噪中的应用 [J].低碳世界,2021,11(9):172.

[128] 宋宇,游海龙,翁新武,等.基于希尔伯特-黄变换的信号处理方法 [J].长春工业大学学报(自然科学版),2015,36(4):374-378.

[129] 陈子雄,吴琛,周瑞忠.希尔伯特—黄变换谱及其在地震信号分析中的应用 [J].福州大学学报(自然科学版),2006,34(2):260-264.

[130] 刘立生,邱阿瑞.希尔伯特变换在电机故障诊断中的应用 [J].电工电能新技术,1999,18(2):35-38.

[131] 孙苗.爆破地震波信号处理 HHT 改进算法及应用研究 [D].武汉:中国地质大学,2021.

[132] KAUL M K.Stochastic characterization of earthquakes through their response spectrum [J].Earthquake Engineering & Structural Dynamics.1978,6(5):497-509.

[133] 中华人民共和国交通运输部.公路工程抗震规范:JTG B02—2013[S].北京:人民交通出版社,2014.

[134] OHSAKI Y.On the significance of phase content in earthquake ground motions [J].Earthquake Engineering & Structural Dynamics,2010,7(5):107239.

[135] 赵凤新,胡聿贤.地震动非平稳性与幅值谱和相位差谱的关系 [J].地震工程与工程振动,1994,14(2):1-6.

[136] 金星,廖振鹏.地震动强度包线函数与相位差谱频数分布函数的关系 [J].地震工程与工程振动,1990,10(4):20-26.

[137] 朱昱,冯启民.地震加速度相位差谱分布的数字特征 [J].地震工程与工程振动,1993,13(2):30-37.

[138] 谭俊林,张文孝,王增光.用相位差谱统计规律探讨人造地震动方法 [J].内陆地震,2006,20(1):40-47.

[139] THRAINSSON H,KIREMIDJIAN A S.Simulation of digital earthquake accelerograms using the inverse discrete Fourier transform [J].Earthquake Engineering & Structural Dynamics,2002,31(12):2023-2048.

[140] KANAI K.Semi-empirical formula for the seismic characteristics of the ground motion [J].Bulletin of the Earthquake Research Institute,University of Tokyo,1957,35(2):308-325.

[141] CLOUGH R W,PENZIEN J.Dynamics of structures [J].Journal of Applied Mechanics,1997,44(2):366.

[142] 赖明.地震动的双重过滤白噪声模型 [J].土木工程学报,1995,28(6):60-66.

[143] MALLAT S G.Multiresohition representations and wavelet [D].Philadelphia:University of Pennsylvania,1988.

[144] 范留明,黄润秋,吉随旺.地震动信号的小波分析 [J].物探化探计算技术,2000,22

(1):1-4.

[145] SUÁREZ L E,MONTEJO L A.Generation of artificial earthquakes via the wavelet transform [J].International Journal of Solids and Structures.2005,42(21-22):5905-5919.

[146] 项海帆.斜张桥在行波作用下的地震反应分析 [J].同济大学学报,1983,11(2):1-9.

[147] 胡世德,范立础.江阴长江公路大桥纵向地震反应分析 [J].同济大学学报（自然科学版）,1994,22(4):433-438.

[148] 刘春城,张哲,石磊.自锚式悬索桥的纵向地震反应研究 [J].武汉理工大学学报（交通科学与工程版）,2002,26(5):46-49.

[149] 卜一之,邵长江.大跨度悬索拱桥地震响应研究 [J].桥梁建设,2004,34(6),34:7-9.

[150] 魏琴,寿楠椿,周建春,等.三门峡黄河公路大桥抗震分析 [J].桥梁建设,1994,24(3):22-29.

[151] 刘洪兵,朱晞.大跨连续梁桥在空间变化地震动下的响应 [J].工程力学,1994(增刊):683-687.

[152] 郑史雄,奚绍中,杨建忠.大跨度刚构桥的地震反应分析 [J].西南交通大学学报,1997,32(6):586-592.

[153] 范立础,王君杰,陈玮.非一致地震激励下大跨度斜拉桥的响应特征 [J].计算力学学报,2001,18(3):358-363.

[154] 李忠献,史志利.行波激励下大跨度连续刚构桥的地震反应分析 [J].地震工程与工程振动,2003,23(2):68-76.

[155] 武芳文,薛成凤,赵雷.地震动空间相干效应对大跨度斜拉桥随机地震反应的影响 [J].世界地震工程,2010,26(2):107-113.

[156] 洪浩,郑史雄,贾宏宇,等.空间相干效应对山区高墩刚构桥随机地震动响应的影响 [J].世界地震工程,2013,29(3):54-60.

[157] 吴健,金峰,徐艳杰.考虑地震动部分相干效应的拱坝随机响应分析模型 [J].工程力学,2006,23(12):86-90.

[158] 丁阳,张笈玮,李忠献.部分相干效应对大跨度空间结构随机地震响应的影响 [J].工程力学,2009,26(3):86-92.

[159] 薄景山,李秀领,李山有.场地条件对地震动影响研究的若干进展 [J].世界地震工程,2003,19(2):11-15.

[160] 薛俊伟,刘伟庆,王曙光,等.基于场地效应的地震动特性研究 [J].地震工程与工程振动,2013,33(1):16-23.

[161] HAO H.Arch responses to correlated multiple excitations [J].Earthquake Engineering and Structural Dynamics,1993,22(5):389-404.

[162] BI K M,HAO H.Modelling and simulation of spatially varying earthquake ground motions at sites with varying conditions [J].Probabilistic Engineering Mechanics,2012,29:92-104.

[163] 孙才志,赵雷,贾少敏.考虑场地效应的大跨度多塔斜拉桥随机地震响应分析 [J].公

路交通科技,2014,31(8):71-76.

[164] 廖光明,陈兵,陈思孝.空间变化地震动激励下高墩大跨刚构桥响应分析 [J].四川大学学报(工程科学版),2011,43(5):27-31.

[165] 丰硕,项贻强,汪劲丰.大跨径连续刚构桥的随机地震动响应分析 [J].中国铁道科学,2005,26(4):32-36.

[166] 全伟,李宏男.大跨结构多维多点输入抗震研究进展 [J].防灾减灾工程学报,2006,26(3):343-351.

[167] 屈铁军,王君杰,王前信.空间变化的地震动功率谱的实用模型 [J].地震学报,1996,18(1):55-62.

[168] HARICHANDRAN R S,VANMARCKE E H.Stochastic variation of earthquake ground motion in space and time [J].Journal of Engineering Mechanics,1986,112(2):154-174.

[169] HAO H,OLIVEIRA C S,PENZIEN J.Multiple-station ground motion processing and simulation based on SMART- 1 array data [J].Nuclear Engineering and Design,1989,111:293-310.

[170] DER KIUREGHIAN A.A coherency model for spatially varying ground motions [J].Earthquake Engineering and Structural Dynamics,1996,25(1):99-111.

[171] YANG Q S,CHEN Y J.A practical coherency model for spatially varying ground motions [J].Structural Engineering and Mechanics,2000,9(2):141-152.

[172] HAO H.Effects of spatial variation of ground motions on large multiply-supported structures [J]. Report No. UCB/EERC-89/06,Earthquake Engineering Research Center,University of California,Berkeley,1989.

[173] 屈铁军,王前信.空间相关的多点地震动合成(I)基本公式 [J].地震工程与工程振动.1998,18(1):8-15.

[174] 赵博,石永久,江洋,等.一种空间相关多点地震动合成的实用模拟方法 [J].天津大学学报(自然科学与工程技术版),2015,48(8):717-722.

[175] 李英民,吴哲骞,陈辉国.地震动的空间变化特性分析与修正相干模型 [J].振动与冲击,2013,32(2):164-170.

[176] KONAKLI K,DER KIUREGHIAN A.Simulation of spatially varying ground motions including incoherence,wave-passage and differential site-response effects [J]. Earthquake Engineering and Structural Dynamics,2012,41(3):495-513.

[177] 赵灿晖.大跨度桥梁地震响应分析中的非一致地震激励模型 [J].西南交通大学学报,2002,37(3):236-240.

[178] 李明,谢礼立,翟长海,等.近断层地震动区域的划分 [J].地震工程与工程振动,2009,29(5):20-25.

[179] 中华人民共和国住房和城乡建设部,国家质量监督检验检疫总局.建筑抗震设计规范(2016 年版):GB 50011—2010[S].北京:中国建筑工业出版社,2010.

[180] BAKER J W.Quantitative classification of near-fault ground motions using Wavelet

analysis [J]. Bulletin of the Seismological Society of America, 2007, 97 (5): 1486-1501.

[181] MAVROEIDIS G P, PAPAGEORGIOU A S. Near-source strong ground motion: characteristics and design issues [C]. Boston, Massachusetts: Proc of the Seventh US National Conf. on Earthquake Engineering(7NCEE), 2002.

[182] SOMERVILLE P G. Development of an improved representation of near fault ground motions [C]. SMIP98 Seminar on Utilization of Strong-Motion Data, 1998.

[183] ALAVI B, KRAWINKLER H. Behavior of moment-resisting frame structures subjected to near-fault ground motions [J]. Earthquake Engineering & Structural Dynamics, 2004, 33(6): 687-706.

[184] TANG Y C, ZHANG J. Response spectrum-oriented pulse identification and magnitude scaling of forward directivity pulses in near-fault ground motions [J]. Soil Dynamics and Earthquake Engineering, 2011, 31(1): 59-76.

[185] 李爽,周洪圆,刘向阳,等.基于中国规范的近断层区抗震设计谱研究 [J].建筑结构学报,2020,41(2):7-12.

[186] 谭平,谈忠坤,周福霖.近场地震动特性及其弹性与塑性谱的研究 [J].华南地震,2008,28(2):1-9.

[187] 韦韬,赵凤新,张郁山.近断层速度脉冲的地震动特性研究 [J].地震学报,2006,28(6):629-637.

[188] 谢俊举,李小军,温增平.近断层速度大脉冲对反应谱的放大作用 [J].工程力学,2017,34(8):194-211.

[189] 周雍年,周正华,于海英.设计反应谱长周期区段的研究 [J].地震工程与工程振动,2004,24(2):15-18.

[190] XU L J, RODRIGUEZ-MAREK A, XIE L L. Design spectra including effect of rupture directivity in near-fault region [J]. Earthquake Engineering and Engineering Vibration, 2006, 5(2): 159-170.

[191] 张洪智,刘秀明,徐龙军.近断层方向性效应地震动双规准组合反应谱 [J].哈尔滨工业大学学报,2014,46(10):17-22.

[192] 江辉,慎丹,王宝喜,等.基于实际记录检验的近断层区结构抗震设计谱研究 [J].北京交通大学学报,2014,38(4):107-114.

[193] SHAHI S K, BAKER J W. An empirically calibrated framework for including the effects of near-fault directivity in probabilistic seismic hazard analysis [J]. Bulletin of the Seismological Society of America, 2011, 101(2): 742-755.

[194] CHIOU B S J, YOUNGS R R. Update of the Chiou and Youngs NGA Model for the average horizontal component of peak ground motion and response spectra [J]. Earthquake Spectra, 2014, 30(3): 1117-1153.

[195] NI S H, LI S, CHANG Z W, et al. An alternative construction of normalized seismic design spectra for near-fault regions [J]. Earthquake Engineering and Engineering

Vibration,2013,12(3):351-362.

[196] CHANG Z W,SUN X D,ZHAI C H,et al.An empirical approach of accounting for the amplification effects induced by near-fault directivity [J].Bulletin of Earthquake Engineering,2018,16(5):1871-1885.

[197] 杨华平,钱永久,黎璟,等.近断层脉冲型地震设计谱研究 [J].中国公路学报,2017,30(12):159-168,195.

[198] 杨华平,宋松科,邵林.近断层脉冲型地震设计谱应用研究 [J].西南公路,2018(3):143-146.

[199] 杨华平.近断层脉冲型地震作用下桥梁被动控制设计方法研究 [D].成都:西南交通大学,2018.

[200] 中华人民共和国交通运输部.公路桥梁抗震设计细则:JTG/T B02-01—2008[S].北京:人民交通出版社,2008.

[201] MAKRIS N,CHANG S P.Effect of damping mechanisms on the response of seismically isolated structures [R].Pacific Earthquake Engineering Research Center,1998.

[202] MAKRIS N,CHANG S P.Effect of viscous,viscoplastic and friction damping on the response of seismic isolated structures [J].Earthquake Engineering & Structural Dynamics,2000,29(1):85-107.

[203] MAKRIS N,BLACK C J.Evaluation of peak ground velocity as a "good" intensity measure for near-source ground motions [J].Journal of Engineering Mechanics,2004,130(9):1032-1044.

[204] 蔡长青,沈建文.人造地震动的时域叠加法和反应谱整体逼近技术 [J].地震学报,1997,19(1):71-78.

[205] 赵凤新,张郁山.拟合峰值速度与目标反应谱的人造地震动 [J].地震学报,2006,28(4):429-437.

[206] 何颖.目标谱符合给定反应谱的非平稳地震动过程模拟 [D].天津:天津大学,2006.

[207] 贺瑞,秦权.产生时程分析用的高质量地面运动时程的新方法 [J].工程力学,2006,23(8):12-18.

[208] 韦征,叶继红,包伟,等.考虑幅值谱与相位谱的人造地震动模拟与反应谱拟合[J].工程抗震与加固改造,2007,29(2):100-103+106.

[209] 全伟,李宏男.调整已有地震动拟和规范反应谱人造地震动方法比较 [J].防灾减灾工程学报,2008,28(1):91-97.

[210] GIARALIS A,SPANOS P D.Wavelet-based response spectrum compatible synthesis of accelerograms—Eurocode application(EC8)[J].Soil Dynamics and Earthquake Engineering,2009,29(1):219-235.

[211] 罗兆辉,李勇哲,李大华,等.拟合反应谱峰加速度和峰速度的人造非平稳地震动[J].世界地震工程,2010,26(1):137-142.

[212] 徐国栋,史培军,周锡元.基于目标反应谱和包络线的地震动合成 [J].地震工程与工程振动,2010,30(1):1-7.

[213] CACCIOLA P,ZENTNER I.Generation of response-spectrum-compatible artificial earthquake accelerograms with random joint time – frequency distributions [J]. Probabilistic Engineering Mechanics,2012,28:52-58.

[214] 韦晓,袁万城,王志强,等.关于桥梁抗震设计规范反应谱若干问题 [J].同济大学学报（自然科学版）,1999,27(2):99-103.

[215] FANG N,PAI P S,MOSQUEA S.Effect of tool edge wear on the cutting forces and vibrations in high-speed finish machining of Inconel 718:an experimental study and wavelet transform analysis [J].The International Journal of Advanced Manufacturing Technology,2011,52(1-4).

[216] MONTANARI L,BASU B,SPAGNOLI A,et al.A padding method to reduce edge effects for enhanced damage identification using wavelet analysis [J].Mechanical Systems and Signal Processing,2015,52:264-277.

[217] GOGOLEWSKI D.Influence of the edge effect on the wavelet analysis process [J]. Measurement,2020,152:107314.

[218] BOORE D M,SMITH C E.Analysis of earthquake recordings obtained from the Seafloor Earthquake Measurement System(SEMS)instruments deployed off the coast of southern California [J].Bulletin of the Seismological Society of America, 1999,89(1):260-274.

[219] CHEN B K,WANG D S,LI H N,et al.Characteristics of earthquake ground motion on the seafloor [J].Journal of Earthquake Engineering,2015,19(6):874-904.

[220] BOORE D M,BOMMER J J.Processing of strong-motion accelerograms:needs,options and consequences [J].Soil Dynamics and Earthquake Engineering-Southampton,2005.

[221] BOORE D M.On pads and filters:processing strong-motion data [J].Bulletin of the Seismological Society of America,2005,95(2):745-750.

[222] RAINER S,PRICE K.Differential evolution—A simple and efficient adaptive scheme for global optimization over continuous spaces [R].USA:University of California,International Computer Science Institute,1995.

[223] STORN R,PRICE K.Differential evolution—A simple and efficient heuristic for global optimization over continuous spaces [J].Journal of Global Optimization, 1997,11(4):341-359.

[224] 赵培培,王振宇,薄景山.利用差分进化算法标定设计反应谱 [J].地震工程与工程振动,2017,37(5):45-50.

[225] 陈宝魁,王东升,李宏男,等.海底地震动特性及相关谱研究 [J].防灾减灾工程学报,2016,36(1):38-43.

[226] ZERVA A.Spatial variation of seismic ground motions:Modeling and engineering applications [M].Boca Raton:CRC Press,2016.

[227] YANG J.Interpretation of seismic vertical amplification observed at an array site

[J].Bulletin of the Seismological Society of America,2000,90(2):275-285.

[228] LI C,HAO H,LI H H,et al.Theoretical modeling and numerical simulation of seismic motions at seafloor [J].Soil Dynamics and Earthquake Engineering,2015,77: 220-225.

[229] WOLF J.Dynamic soil-structure interaction [M].New Jersey:Prentice Hall Inc, 1985.

附　　录

附表 1　源自 PEER 数据库的 141 组脉冲型地震波记录

RSN	地震名称	台站	矩震级 /级	R_{jb} /km	V_{s30} /(m·s^{-1})
77	圣费尔南多地震（San Fernando）	帕科伊玛大坝（左上）（Pacoima Dam（upper left abut））	6.61	0	2 016.13
143	塔巴斯_伊朗地震（Tabas_Iran）	塔巴斯（Tabas）	7.35	1.79	766.77
147	郊狼湖地震（Coyote Lake）	吉尔罗伊阵列 2 号（Gilroy Array ♯2）	5.74	8.47	270.84
148	郊狼湖地震（Coyote Lake）	吉尔罗伊阵列 3 号（Gilroy Array ♯3）	5.74	6.75	349.85
149	郊狼湖地震（Coyote Lake）	吉尔罗伊阵列 4 号（Gilroy Array ♯4）	5.74	4.79	221.78
150	郊狼湖地震（Coyote Lake）	吉尔罗伊阵列 6 号（Gilroy Array ♯6）	5.74	0.42	663.31
159	帝谷－06 地震（Imperial Valley－06）	阿格里亚斯（Agrarias）	6.53	0	242.05
170	帝谷－06 地震（Imperial Valley－06）	EC 县中心 FF（EC County Center FF）	6.53	7.31	192.05
171	帝谷－06 地震（Imperial Valley－06）	埃尔森特罗－梅洛兰吉奥特阵列（El Centro － Meloland Geot. Array）	6.53	0.07	264.57
173	帝谷－06 地震（Imperial Valley－06）	埃尔森特罗阵列 10 号（El Centro Array ♯10）	6.53	8.6	202.85
179	帝谷－06 地震（Imperial Valley－06）	埃尔森特罗阵列 4 号（El Centro Array ♯10）	6.53	4.9	208.91
180	帝谷－06 地震（Imperial Valley－06）	埃尔森特罗阵列 5 号（El Centro Array ♯10）	6.53	1.76	205.63
181	帝谷－06 地震（Imperial Valley－06）	埃尔森特罗阵列 6 号（El Centro Array ♯10）	6.53	0	203.22
182	帝谷－06 地震（Imperial Valley－06）	埃尔森特罗阵列 7 号（El Centro Array ♯7）	6.53	0.56	210.51
184	帝谷－06 地震（Imperial Valley－06）	埃尔森特罗差分阵列（El Centro Differential Array）	6.53	5.09	202.26

续附表1

RSN	地震名称	台站	矩震级/级	R_{jb}/km	V_{s30}/(m·s^{-1})
185	帝谷－06 地震（Imperial Valley－06）	霍尔特维尔邮局（Holtville Post Office）	6.53	5.35	202.89
285	伊尔皮尼亚_意大利－01 地震（Irpinia_ Italy－01）	巴尼奥利·伊尔皮诺（Bagnoli Irpinio）	6.9	8.14	649.67
451	摩根山地震（Morgan Hill）	郊狼湖大坝－西南桥台（Coyote Lake Dam － Southwest Abutment）	6.19	0.18	561.43
566	卡拉马塔_希腊－02 地震（Kalamata _ Greece － 02）	卡拉马塔（底层）（第二次触发）（Kalamata(bsmt)(2nd trigger)）	5.4	4	382.21
568	圣萨尔瓦多地震（San Salvador）	地质技术调查中心（Geotech Investig Center）	5.8	2.14	489.34
569	圣萨尔瓦多地震（San Salvador）	国家地理研究所（National Geografical Inst）	5.8	3.71	455.93
723	迷信山庄－02 地震（Superstition Hills－02）	降落伞测试地点（Parachute Test Site）	6.54	0.95	348.69
802	洛马·普里塔地震（Loma Prieta）	萨拉托加－阿罗哈大街（Saratoga － Aloha Ave）	6.93	7.58	380.89
803	洛马·普里塔地震（Loma Prieta）	萨拉托加－W河谷科尔（Saratoga － W Valley Coll.）	6.93	8.48	347.90
828	门多西诺角地震（Cape Mendocino）	彼得罗利亚（Petrolia）	7.01	0	422.17
879	兰德斯地震（Landers）	卢塞恩（Lucerne）	7.28	2.19	1 369.00
982	北岭－01 地震（Northridge－01）	詹森过滤厂行政大楼（Jensen Filter Plant Administrative Building）	6.69	0	373.07
983	北岭－01 地震（Northridge－01）	詹森过滤厂发电机大楼（Jensen Filter Plant Generator Building）	6.69	0	525.79
1004	北岭－01 地震（Northridge－01）	洛杉矶 － Sepulveda VA 医院（LA － Sepulveda VA Hospital）	6.69	0	380.06
1013	北岭－01 地震（Northridge－01）	洛杉矶大坝（LA Dam）	6.69	0	628.99
1044	北岭－01 地震（Northridge－01）	纽霍尔消防站（Newhall － Fire Sta）	6.69	3.16	269.14
1045	北岭－01 地震（Northridge－01）	纽霍尔－西皮科峡谷路（Newhall － W Pico Canyon Rd.）	6.69	2.11	285.93
1050	北岭－01 地震（Northridge－01）	帕科伊玛大坝（下游）（Pacoima Dam(downstr)）	6.69	4.92	2 016.13

续附表1

RSN	地震名称	台站	矩震级 /级	R_{jb} /km	V_{s30} /(m·s^{-1})
1051	北岭－01地震（Northridge －01）	帕科伊玛大坝（左上）（Pacoima Dam(upper left)）	6.69	4.92	2016.13
1052	北岭－01地震（Northridge －01）	帕科伊玛凯格尔峡谷（Pacoima Kagel Canyon）	6.69	5.26	508.08
1054	北岭－01地震（Northridge －01）	帕迪－塞克(Pardee - SCE)	6.69	5.54	325.67
1063	北岭－01地震（Northridge －01）	里纳尔迪接收站（Rinaldi Receiving Sta）	6.69	0	282.25
1084	北岭－01地震（Northridge －01）	西尔马转换站（Sylmar － Converter Sta）	6.69	0	251.24
1085	北岭－01地震（Northridge －01）	西尔马－转换站东（Sylmar － Converter Sta East）	6.69	0	370.52
1086	北岭－01地震（Northridge －01）	西尔玛－橄榄景观地中海FF（Sylmar － Olive View Med FF）	6.69	1.74	440.54
1106	日本神户(Kobe_ Japan)	凯杰玛(KJMA)	6.9	0.94	312.00
1114	日本神户(Kobe_ Japan)	港口岛（0米）(Port Island(0 m))	6.9	3.31	198.00
1119	日本神户(Kobe_ Japan)	宝冢(Takarazuka)	6.9	0	312.00
1120	日本神户(Kobe_ Japan)	高取(Takatori)	6.9	1.46	256.00
1165	土耳其科贾埃利（Kocaeli_ Turkey）	伊兹米特(Izmit)	7.51	3.62	811.00
1176	土耳其科贾埃利（Kocaeli_ Turkey）	雅米玛(Yarimca)	7.51	1.38	297.00
1182	中国台湾地区集集地震（Chi－Chi_ Taiwan）	CHY006	7.62	9.76	438.19
1193	中国台湾地区集集地震（Chi－Chi_ Taiwan）	CHY024	7.62	9.62	427.73
1244	中国台湾地区集集地震（Chi－Chi_ Taiwan）	CHY101	7.62	9.94	258.89
1489	中国台湾地区集集地震（Chi－Chi_ Taiwan）	TCU049	7.62	3.76	487.27
1491	中国台湾地区集集地震（Chi－Chi_ Taiwan）	TCU051	7.62	7.64	350.06
1492	中国台湾地区集集地震（Chi－Chi_ Taiwan）	TCU052	7.62	0	579.10
1493	中国台湾地区集集地震（Chi－Chi_ Taiwan）	TCU053	7.62	5.95	454.55

RSN	地震名称	台站	矩震级 /级	R_{jb} /km	V_{s30} /(m·s^{-1})
1501	中国台湾地区集集地震 (Chi−Chi_ Taiwan)	TCU063	7.62	9.78	476.14
1503	中国台湾地区集集地震 (Chi−Chi_ Taiwan)	TCU065	7.62	0.57	305.85
1505	中国台湾地区集集地震 (Chi−Chi_ Taiwan)	TCU068	7.62	0	487.34
1510	中国台湾地区集集地震 (Chi−Chi_ Taiwan)	TCU075	7.62	0.89	573.02
1511	中国台湾地区集集地震 (Chi−Chi_ Taiwan)	TCU076	7.62	2.74	614.98
1515	中国台湾地区集集地震 (Chi−Chi_ Taiwan)	TCU082	7.62	5.16	472.81
1519	中国台湾地区集集地震 (Chi−Chi_ Taiwan)	TCU087	7.62	6.98	538.69
1528	中国台湾地区集集地震 (Chi−Chi_ Taiwan)	TCU101	7.62	2.11	389.41
1529	中国台湾地区集集地震 (Chi−Chi_ Taiwan)	TCU102	7.62	1.49	714.27
1530	中国台湾地区集集地震 (Chi−Chi_ Taiwan)	TCU103	7.62	6.08	494.10
1550	中国台湾地区集集地震 (Chi−Chi_ Taiwan)	TCU136	7.62	8.27	462.10
2114	德纳利阿拉斯加地震 (Denali_ Alaska)	水龙头泵站 ♯ 10（TAPS Pump Station ♯ 10）	7.9	0.18	329.40
2734	中国台湾地区集集−04 地震(Chi−Chi_ Taiwan−04)	CHY074	6.2	6.02	553.43
3548	洛马普列塔地震（Loma Prieta）	洛斯加托斯 − 列克星敦大坝 (Los Gatos − Lexington Dam)	6.93	3.22	1 070.34
3965	日本鸟取地震（Tottori_ Japan）	TTR008	6.61	6.86	139.21
4040	巴姆伊朗地震(Bam_ Iran)	巴姆(Bam)	6.6	0.05	487.40
4065	帕克菲尔德−02_ CA 地震 (Parkfield−02_ CA)	帕克菲尔德−埃代斯(Parkfield - Eades)	6	1.37	383.90
4097	帕克菲尔德−02_ CA 地震 (Parkfield−02_ CA)	松弛峡谷(Slack Canyon)	6	1.6	648.09
4098	帕克菲尔德−02_ CA 地震 (Parkfield−02_ CA)	帕克菲尔德 − 乔拉梅 1E (Parkfield − Cholame 1E)	6	1.66	326.64

续附表1

RSN	地震名称	台站	矩震级/级	R_{jb}/km	V_{s30}/(m·s^{-1})
4100	帕克菲尔德—02_CA地震（Parkfield—02_CA）	帕克菲尔德 — 乔拉梅2WA（Parkfield — Cholame 2WA）	6	1.63	173.02
4101	帕克菲尔德—02_CA地震（Parkfield—02_CA）	帕克菲尔德 — 乔拉梅3E（Parkfield — Cholame 3E）	6	4.95	397.36
4102	帕克菲尔德—02_CA地震（Parkfield—02_CA）	帕克菲尔德 — 乔拉梅3W（Parkfield — Cholame 3W）	6	2.55	230.57
4103	帕克菲尔德—02_CA地震（Parkfield—02_CA）	帕克菲尔德 — 乔拉梅4W（Parkfield — Cholame 4W）	6	3.3	410.40
4107	帕克菲尔德—02_CA地震（Parkfield—02_CA）	帕克菲尔德 — 断层带1（Parkfield — Fault Zone 1）	6	0.02	178.27
4113	帕克菲尔德—02_CA地震（Parkfield—02_CA）	帕克菲尔德 — 断层带9（Parkfield — Fault Zone 9）	6	1.22	372.26
4115	帕克菲尔德—02_CA地震（Parkfield—02_CA）	帕克菲尔德 — 断层带12（Parkfield — Fault Zone 12）	6	0.88	265.21
4126	帕克菲尔德—02_CA地震（Parkfield—02_CA）	帕克菲尔德 — 斯通畜栏1E（Parkfield — Stone Corral 1E）	6	2.85	260.63
4228	新潟_日本地震（Niigata_Japan）	NIGH11	6.63	6.27	375.00
4451	黑山_南斯拉夫地震（Montenegro_Yugoslavia）	巴尔—斯库普斯蒂纳奥普斯廷（Bar—Skupstina Opstine）	7.1	0	462.23
4458	黑山_南斯拉夫地震（Montenegro_Yugoslavia）	乌尔齐尼 — 奥林匹克酒店（Ulcinj — Hotel Olimpic）	7.1	3.97	318.74
4480	拉奎拉意大利地震（L'Aquila_Italy）	拉奎拉 — V.阿泰尔诺 — 山谷中心（L'Aquila — V.Aterno — Centro Valle）	6.3	0	475.00
4482	拉奎拉意大利地震（L'Aquila_Italy）	拉奎拉 — V.阿泰尔诺 —F.阿泰尔诺（L'Aquila — V.Aterno — F.Aterno）	6.3	0	552.00
4483	拉奎拉意大利地震（L'Aquila_Italy）	拉奎拉 — 停车场（L'Aquila - Parking）	6.3	0	717.00
6897	达菲尔德_新西兰地震（Darfield_New Zealand）	DSLC	7	5.28	295.74
6906	达菲尔德_新西兰地震（Darfield_New Zealand）	GDLC	7	1.22	344.02
6911	达菲尔德_新西兰地震（Darfield_New Zealand）	HORC	7	7.29	326.01

续附表1

RSN	地震名称	台站	矩震级 /级	R_{jb} /km	V_{s30} /(m·s⁻¹)
6927	达菲尔德_新西兰地震 (Darfield_ New Zealand)	LINC	7	5.07	263.20
6962	达菲尔德_新西兰地震 (Darfield_ New Zealand)	ROLC	7	0	295.74
6975	达菲尔德_新西兰地震 (Darfield_ New Zealand)	TPLC	7	6.11	249.28
8119	基督城_新西兰地震 (Christchurch_ New Zealand)	佩吉路泵站(Pages Road Pumping Station)	6.2	1.92	206.00
8123	基督城_新西兰地震 (Christchurch_ New Zealand)	基督城雷斯塔文(Christchurch Resthaven)	6.2	5.11	141.00
8164	土耳其杜斯地震(Duzce_ Turkey)	IRIGM 487	7.14	2.65	690.00
161	帝谷—06地震(Imperial Valley—06)	布拉德利机场(Brawley Airport)	6.53	8.54	208.71
178	帝谷—06地震(Imperial Valley—06)	埃尔森特罗阵列3号(El Centro Array ♯3)	6.53	10.79	162.94
292	伊尔皮尼亚_意大利—01 地震(Irpinia_ Italy—01)	斯图尔诺(STN)(Sturno(STN))	6.9	6.78	382.00
316	威斯特摩兰(Westmorland)	降落伞试验场(Parachute Test Site)	5.9	16.54	348.69
722	迷信山—02地震(Superstition Hills—02)	康布鲁姆路(临时)(Kornbloom Road(temp))	6.54	18.48	266.01
764	洛马普列塔地震(Loma Prieta)	吉尔罗伊—历史建筑(Gilroy — Historic Bldg.)	6.93	10.27	308.55
766	洛马普列塔地震(Loma Prieta)	吉尔罗伊阵列2号(Gilroy Array ♯2)	6.93	10.38	270.84
767	洛马普列塔地震(Loma Prieta)	吉尔罗伊阵列3号(Gilroy Array ♯3)	6.93	12.23	349.85
838	兰德斯地震(Landers)	巴斯托(Barstow)	7.28	34.86	370.08
900	兰德斯地震(Landers)	耶尔莫消防局(Yermo Fire Station)	7.28	23.62	353.63
1148	土耳其科贾埃利地震(Kocaeli_ Turkey)	阿尔切利克(Arcelik)	7.51	10.56	523.00
1161	土耳其科贾埃利地震(Kocaeli_ Turkey)	格布泽(Gebze)	7.51	7.57	792.00

续附表1

RSN	地震名称	台站	矩震级 /级	R_{jb} /km	V_{s30} /(m·s⁻¹)
1402	中国台湾地区集集地震 (Chi-Chi_ Taiwan)	NST	7.62	38.36	491.08
1475	中国台湾地区集集地震 (Chi-Chi_ Taiwan)	TCU026	7.62	56.03	569.98
1476	中国台湾地区集集地震 (Chi-Chi_ Taiwan)	TCU029	7.62	28.04	406.53
1477	中国台湾地区集集地震 (Chi-Chi_ Taiwan)	TCU031	7.62	30.17	489.22
1478	中国台湾地区集集地震 (Chi-Chi_ Taiwan)	TCU033	7.62	40.88	423.40
1479	中国台湾地区集集地震 (Chi-Chi_ Taiwan)	TCU034	7.62	35.68	393.77
1480	中国台湾地区集集地震 (Chi-Chi_ Taiwan)	TCU036	7.62	19.83	478.07
1481	中国台湾地区集集地震 (Chi-Chi_ Taiwan)	TCU038	7.62	25.42	297.86
1482	中国台湾地区集集地震 (Chi-Chi_ Taiwan)	TCU039	7.62	19.89	540.66
1483	中国台湾地区集集地震 (Chi-Chi_ Taiwan)	TCU040	7.62	22.06	362.03
1485	中国台湾地区集集地震 (Chi-Chi_ Taiwan)	TCU045	7.62	26	704.64
1486	中国台湾地区集集地震 (Chi-Chi_ Taiwan)	TCU046	7.62	16.74	465.55
1487	中国台湾地区集集地震 (Chi-Chi_ Taiwan)	TCU047	7.62	35	520.37
1496	中国台湾地区集集地震 (Chi-Chi_ Taiwan)	TCU056	7.62	10.48	403.20
1498	中国台湾地区集集地震 (Chi-Chi_ Taiwan)	TCU059	7.62	17.11	272.67
1502	中国台湾地区集集地震 (Chi-Chi_ Taiwan)	TCU064	7.62	16.59	645.72
1531	中国台湾地区集集地震 (Chi-Chi_ Taiwan)	TCU104	7.62	12.87	410.45
1548	中国台湾地区集集地震 (Chi-Chi_ Taiwan)	TCU128	7.62	13.13	599.64
1602	土耳其杜斯地震(Duzce_ Turkey)	博鲁(Bolu)	7.14	12.02	293.57

续附表1

RSN	地震名称	台站	矩震级/级	R_{jb}/km	V_{s30}/(m·s^{-1})
3473	中国台湾地区集集—06 地震(Chi—Chi_ Taiwan—06)	TCU078	6.3	5.72	443.04
3475	中国台湾地区集集—06 地震(Chi—Chi_ Taiwan—06)	TCU080	6.3	0	489.32
3744	门多西诺角地震（Cape Mendocino）	邦克山联邦航空局（Bunker Hill FAA）	7.01	8.49	566.42
3746	门多西诺角地震（Cape Mendocino）	森特维尔海滩海军基地（Centerville Beach_ Naval Fac）	7.01	16.44	459.04
4211	新潟_日本地震（Niigata_ Japan）	NIG021	6.63	10.21	418.50
4847	日本楚津市地震（Chuetsu—oki_ Japan）	上越柿崎(Joetsu Kakizakiku Kakizaki)	6.8	9.43	383.43
6887	达菲尔德_新西兰地震（Darfield_ New Zealand）	基督城植物园（Christchurch Botanical Gardens）	7	18.05	187.00
6928	达菲尔德_新西兰地震（Darfield_ New Zealand）	LPCC	7	25.21	649.67
6942	达菲尔德_新西兰地震（Darfield_ New Zealand）	北新布赖顿学校（North New Brighton School）	7	26.76	211.00
6959	达菲尔德_新西兰地震（Darfield_ New Zealand）	基督城雷斯塔文（Christchurch Resthaven）	7	19.48	141.00
6960	达菲尔德_新西兰地震（Darfield_ New Zealand）	里卡顿高中（Riccarton High School）	7	13.64	293.00
6966	达菲尔德_新西兰地震（Darfield_ New Zealand）	雪莉图书馆(Shirley Library)	7	22.33	207.00
6969	达菲尔德_新西兰地震（Darfield_ New Zealand）	斯泰克斯磨坊转运站（Styx Mill Transfer Station）	7	20.86	247.50
8161	库卡帕市—墨西哥地震（Cucapah_ Mexico）	埃尔森特罗阵列 12 号（El Centro Array ♯12）	7.2	9.98	196.88
8606	库卡帕市—墨西哥地震（Cucapah_ Mexico）	西区小学（Westside Elementary School）	7.2	10.31	242.00

附表 2 源自 PEER 数据库的 141 组脉冲型地震动波记录的关键参数

RSN	地震名称	脉冲周期	脉冲峰值	峰值时刻	临界频率	Δt	PGV/PGA	$\beta_{v,\max}$
77	圣费尔南多地震 (San Fernando)	1.64	121.73	3.03	1.13	5.12	0.089 6	2.08
143	塔巴斯_伊朗地震 (Tabas_ Iran)	6.19	129.56	12.34	0.32	−2.76	0.165 5	2.71
147	郊狼湖地震 (Coyote Lake)	1.46	31.92	3.60	1.21	−0.18	0.127 3	1.82
148	郊狼湖地震 (Coyote Lake)	1.16	30.75	3.42	1.56	−0.32	0.130 1	2.50
149	郊狼湖地震 (Coyote Lake)	1.35	32.03	2.61	1.35	−0.38	0.138 5	1.92
150	郊狼湖地震 (Coyote Lake)	1.23	49.53	2.73	1.49	0.30	0.111 1	2.13
159	帝谷−06 地震 (Imperial Valley−06)	2.34	53.45	7.65	0.81	0.01	0.183 9	2.07
161	帝谷−06 地震 (Imperial Valley−06)	4.40	70.75	7.39	0.42	0.00	0.330 4	1.93
170	帝谷−06 地震 (Imperial Valley−06)	4.42	116.27	4.98	0.59	−0.68	0.316 3	1.92
171	帝谷−06 地震 (Imperial Valley−06)	3.42	55.12	7.45	0.42	1.58	0.280 2	1.90
173	帝谷−06 地震 (Imperial Valley−06)	4.52	80.75	6.73	0.42	−0.98	0.222 1	2.19
178	帝谷−06 地震 (Imperial Valley−06)	4.50	96.38	7.20	0.46	−0.94	0.257 1	2.25
179	帝谷−06 地震 (Imperial Valley−06)	4.79	121.50	7.30	0.54	−4.41	0.280 8	2.25
180	帝谷−06 地震 (Imperial Valley−06)	4.13	111.80	5.88	0.47	−1.92	0.244 4	1.87
181	帝谷−06 地震 (Imperial Valley−06)	3.77	73.45	7.46	0.27	1.55	0.212 8	1.63

续附表2

RSN	地震名称	脉冲周期	脉冲峰值	峰值时刻	临界频率	Δt	PGV/PGA	$\beta_{v,max}$
182	帝谷－06 地震 (Imperial Valley－06)	4.38	73.28	7.08	0.42	−2.51	0.314 4	1.88
184	伊尔皮尼亚_意大利－01 地震 (Irpinia_ Italy－01)	6.27	38.08	4.46	1.02	1.04	0.208 4	2.22
185	摩根山地震 (Morgan Hill)	4.82	76.68	3.59	1.86	−0.10	0.059 5	2.70
285	卡拉马塔_希腊－02 地震 (Kalamata_ Greece－02)	1.71	37.25	5.84	1.56	−4.39	0.143 0	2.89
292	圣萨尔瓦多地震 (San Salvador)	3.27	68.27	1.41	2.34	−0.17	0.101 0	2.69
316	圣萨尔瓦多地震 (San Salvador)	4.39	92.10	1.96	1.81	−0.15	0.154 5	2.20
451	迷信山庄－02 地震 (Superstition Hills－02)	1.07	143.80	12.10	0.82	−2.79	0.325 1	1.96
459	洛马·普里塔地震 (Loma Prieta)	1.23	53.45	6.76	0.37	0.71	0.177 5	1.72
568	洛马·普里塔地震 (Loma Prieta)	0.81	61.91	5.70	0.32	−1.60	0.223 4	2.05
569	门多西诺角地震 (Cape Mendocino)	1.13	96.64	3.38	0.56	−0.86	0.139 4	2.24
722	兰德斯地震 (Landers)	2.13	132.22	12.10	0.37	−1.39	0.187 2	1.66
723	北岭－01 地震 (Northridge－01)	2.39	101.41	4.92	0.55	1.30	0.273 6	2.67
764	北岭－01 地震 (Northridge－01)	1.64	65.99	3.63	0.55	2.71	0.133 1	3.50
766	北岭－01 地震 (Northridge－01)	1.73	77.78	3.70	1.97	4.13	0.105 3	2.57
767	北岭－01 地震 (Northridge－01)	2.64	86.21	2.92	1.10	0.84	0.185 4	1.76

续附表2

RSN	地震名称	脉冲周期	脉冲峰值	峰值时刻	临界频率	Δt	PGV/PGA	$\beta_{v,max}$
802	北岭—01地震 (Northridge—01)	4.57	115.97	4.82	1.25	0.64	0.169 7	2.36
803	北岭—01地震 (Northridge—01)	5.65	118.14	4.66	0.66	−0.57	0.290 9	1.86
828	北岭—01地震 (Northridge—01)	3.00	50.11	3.40	3.37	−0.16	0.105 7	2.09
838	北岭—01地震 (Northridge—01)	9.13	105.99	4.22	1.69	0.44	0.075 9	2.36
879	北岭—01地震 (Northridge—01)	5.12	56.73	3.86	1.86	0.96	0.109 8	2.40
900	北岭—01地震 (Northridge—01)	7.50	76.19	6.36	1.61	0.55	0.139 1	3.74
982	北岭—01地震 (Northridge—01)	3.16	148.98	2.93	1.47	1.35	0.172 9	2.17
983	北岭—01地震 (Northridge—01)	3.54	106.23	5.14	0.50	−1.66	0.170 0	2.74
1004	北岭—01地震 (Northridge—01)	0.93	113.88	3.66	0.53	−0.95	0.138 9	1.85
1013	北岭—01地震 (Northridge—01)	1.62	130.42	3.76	0.78	−0.16	0.165 5	1.91
1044	日本神户 (Kobe_ Japan)	1.37	105.53	7.82	1.65	2.32	0.125 0	3.18
1045	日本神户 (Kobe_ Japan)	2.98	102.87	9.85	0.61	−2.44	0.245 0	2.28
1050	日本神户 (Kobe_ Japan)	0.59	95.46	5.39	1.03	0.46	0.147 9	2.21
1051	日本神户 (Kobe_ Japan)	0.84	153.07	6.17	0.95	1.97	0.207 1	3.24
1052	土耳其科贾埃利 (Kocaeli_ Turkey)	0.73	38.04	3.84	0.33	4.32	0.163 7	1.75

续附表2

RSN	地震名称	脉冲周期	脉冲峰值	峰值时刻	临界频率	Δt	PGV/PGA	$\beta_{v,max}$
1054	土耳其科贾埃利 (Kocaeli_ Turkey)	1.23	90.53	11.75	0.39	−1.35	0.332 0	2.55
1063	中国台湾地区集集地震 (Chi−Chi_ Taiwan)	1.25	58.26	34.74	0.67	−1.38	0.186 4	2.58
1084	中国台湾地区集集地震 (Chi−Chi_ Taiwan)	2.98	61.49	35.15	0.27	−5.40	0.226 1	2.37
1085	中国台湾地区集集地震 (Chi−Chi_ Taiwan)	3.53	108.77	40.20	0.35	−4.52	0.287 7	2.70
1086	中国台湾地区集集地震 (Chi−Chi_ Taiwan)	2.44	56.42	38.15	0.17	−3.06	0.188 9	1.91
1106	中国台湾地区集集地震 (Chi−Chi_ Taiwan)	1.09	52.71	37.16	0.16	11.46	0.317 3	1.82
1114	中国台湾地区集集地震 (Chi−Chi_ Taiwan)	2.83	208.85	35.19	0.16	−4.44	0.419 2	1.66
1119	中国台湾地区集集地震 (Chi−Chi_ Taiwan)	1.81	37.10	33.77	0.15	0.18	0.169 2	2.41
1120	中国台湾地区集集地震 (Chi−Chi_ Taiwan)	1.55	78.85	43.00	0.26	−7.98	0.459 3	2.48
1148	中国台湾地区集集地震 (Chi−Chi_ Taiwan)	7.79	136.39	31.84	0.29	16.27	0.171 9	2.62
1161	中国台湾地区集集地震 (Chi−Chi_ Taiwan)	5.99	341.77	36.03	0.16	−3.76	0.745 3	1.75
1165	中国台湾地区集集地震 (Chi−Chi_ Taiwan)	5.37	104.76	30.32	0.35	18.91	0.344 2	1.83
1176	中国台湾地区集集地震 (Chi−Chi_ Taiwan)	4.95	71.16	27.18	0.37	−0.10	0.171 8	2.02
1182	中国台湾地区集集地震 (Chi−Chi_ Taiwan)	2.57	56.12	36.32	0.18	−1.06	0.269 5	2.18
1193	中国台湾地区集集地震 (Chi−Chi_ Taiwan)	6.65	45.48	40.09	0.18	−8.03	0.383 0	2.68

续附表2

RSN	地震名称	脉冲周期	脉冲峰值	峰值时刻	临界频率	Δt	PGV/PGA	$\beta_{v,max}$
1244	中国台湾地区集集地震 (Chi-Chi_ Taiwan)	5.34	76.62	17.69	0.20	−4.44	0.440 6	1.84
1402	中国台湾地区集集地震 (Chi-Chi_ Taiwan)	7.88	104.65	37.52	0.18	−4.02	0.352 4	2.00
1475	中国台湾地区集集地震 (Chi-Chi_ Taiwan)	8.37	67.08	39.32	0.22	−4.01	0.541 5	2.65
1476	中国台湾地区集集地震 (Chi-Chi_ Taiwan)	5.29	53.51	40.09	0.29	9.25	0.338 6	2.43
1477	德纳利阿拉斯加地震 (Denali_ Alaska)	5.93	121.32	28.14	0.58	−0.75	0.378 6	1.89
1478	中国台湾地区集集−04 地震 (Chi-Chi_ Taiwan−04)	8.97	43.98	26.28	0.75	−1.01	0.128 2	2.24
1479	洛马普列塔地震 (Loma Prieta)	8.87	121.21	4.14	1.26	−0.44	0.271 4	2.11
1480	日本鸟取地震 (Tottori_ Japan)	5.38	53.16	22.02	1.19	−0.01	0.148 3	3.57
1481	巴姆伊朗地震 (Bam_ Iran)	9.58	124.04	17.86	0.96	5.41	0.155 3	2.11
1482	帕克菲尔德−02_ CA 地震 (Parkfield−02_ CA)	9.33	35.79	4.92	1.62	−0.53	0.082 0	2.50
1483	帕克菲尔德−02_ CA 地震 (Parkfield−02_ CA)	6.43	53.18	3.92	2.21	2.24	0.155 4	2.80
1485	帕克菲尔德−02_ CA 地震 (Parkfield−02_ CA)	9.34	39.75	3.25	1.35	−0.32	0.091 7	2.12
1486	帕克菲尔德−02_ CA 地震 (Parkfield−02_ CA)	8.04	57.84	3.19	1.74	0.27	0.106 4	2.54
1487	帕克菲尔德−02_ CA 地震 (Parkfield−02_ CA)	12.31	30.92	2.72	3.73	0.00	0.050 7	2.68
1489	帕克菲尔德−02_ CA 地震 (Parkfield−02_ CA)	10.22	43.47	3.12	1.74	−0.16	0.080 2	2.13

续附表2

RSN	地震名称	脉冲周期	脉冲峰值	峰值时刻	临界频率	Δt	PGV/PGA	$\beta_{v,max}$
1491	帕克菲尔德－02_ CA 地震 (Parkfield－02_ CA)	10.38	38.28	2.97	2.34	0.06	0.066 8	2.21
1492	帕克菲尔德－02_ CA 地震 (Parkfield－02_ CA)	11.96	81.85	3.45	1.56	0.29	0.114 5	2.15
1493	帕克菲尔德－02_ CA 地震 (Parkfield－02_ CA)	13.12	26.96	2.93	1.65	0.81	0.172 2	2.73
1496	帕克菲尔德－02_ CA 地震 (Parkfield－02_ CA)	8.94	56.47	3.12	1.61	0.43	0.151 9	3.07
1498	帕克菲尔德－02_ CA 地震 (Parkfield－02_ CA)	7.78	43.40	2.31	3.13	0.14	0.052 0	2.09
1501	新潟_日本地震 (Niigata_ Japan)	6.55	65.51	21.00	0.89	−0.36	0.124 8	1.49
1502	黑山_南斯拉夫地震 (Montenegro_ Yugoslavia)	8.46	62.61	9.32	1.23	−0.92	0.158 0	3.27
1503	黑山_南斯拉夫地震 (Montenegro_ Yugoslavia)	5.74	62.77	2.99	0.96	6.54	0.266 1	2.34
1505	拉奎拉意大利地震 (L'Aquila_ Italy)	12.29	42.08	4.10	1.51	−0.40	0.084 4	2.24
1510	拉奎拉意大利地震 (L'Aquila_ Italy)	5.00	31.55	5.09	1.54	0.59	0.079 1	2.15
1511	拉奎拉意大利地震 (L'Aquila_ Italy)	4.73	46.24	4.28	0.93	−1.00	0.121 1	2.55
1515	达菲尔德_新西兰地震 (Darfield_ New Zealand)	8.10	65.82	25.46	0.25	−4.37	0.282 4	3.25
1519	达菲尔德_新西兰地震 (Darfield_ New Zealand)	10.40	128.41	24.24	0.24	−4.09	0.181 8	2.00
1528	达菲尔德_新西兰地震 (Darfield_ New Zealand)	10.32	106.03	24.84	0.20	−1.44	0.235 9	1.96
1529	达菲尔德_新西兰地震 (Darfield_ New Zealand)	9.63	116.36	25.27	0.26	−1.04	0.261 0	1.59

续附表2

RSN	地震名称	脉冲周期	脉冲峰值	峰值时刻	临界频率	Δt	PGV/PGA	$\beta_{v,max}$
1530	达菲尔德_新西兰地震 (Darfield_ New Zealand)	8.69	85.60	25.39	0.28	−1.58	0.224 6	2.57
1531	达菲尔德_新西兰地震 (Darfield_ New Zealand)	7.19	74.03	27.48	0.22	−2.72	0.275 2	4.75
1548	基督城_新西兰地震 (Christchurch_ New Zealand)	9.02	123.01	5.26	0.34	−0.57	0.168 0	2.09
1550	基督城_新西兰地震 (Christchurch_ New Zealand)	8.88	97.36	11.84	1.23	−0.05	0.136 6	2.77
1602	土耳其杜斯地震 (Duzce_ Turkey)	0.88	39.19	8.88	0.42	−2.05	0.229 8	2.11
2114	帝谷−06 地震 (Imperial Valley−06)	3.16	36.64	10.42	0.20	0.68	0.121 5	1.92
2734	帝谷−06 地震 (Imperial Valley−06)	2.44	55.78	8.21	0.44	−2.97	0.206 4	1.69
3473	伊尔皮尼亚_意大利−01 地震 (Irpinia_ Italy−01)	4.15	71.02	7.14	0.54	−2.79	0.229 4	2.18
3475	威斯特摩兰 (Westmorland)	1.02	60.69	10.09	0.44	−3.49	0.328 2	1.50
3548	迷信山−02 地震 (Superstition Hills−02)	1.57	33.03	5.39	0.86	6.48	0.214 3	2.05
3744	洛马普列塔地震 (Loma Prieta)	5.36	43.56	4.40	1.10	0.52	0.161 3	2.18
3746	洛马普列塔地震 (Loma Prieta)	1.97	46.17	4.52	1.07	0.56	0.118 6	3.47
3965	洛马普列塔地震 (Loma Prieta)	1.54	44.71	5.48	0.66	−0.07	0.127 2	2.31
4040	兰德斯地震 (Landers)	2.02	28.81	14.96	0.22	−0.64	0.209 8	1.89
4065	兰德斯地震 (Landers)	1.22	55.71	18.44	0.25	−3.58	0.250 8	2.22

续附表2

RSN	地震名称	脉冲周期	脉冲峰值	峰值时刻	临界频率	Δt	PGV/PGA	$\beta_{v,max}$
4097	土耳其科贾埃利地震 （Kocaeli_ Turkey）	0.85	40.25	13.90	0.26	0.57	0.304 5	2.24
4098	土耳其科贾埃利地震 （Kocaeli_ Turkey）	1.33	52.91	6.10	0.32	−0.63	0.308 7	2.21
4100	中国台湾地区集集地震 （Chi－Chi_ Taiwan）	1.08	32.26	27.95	0.24	−0.52	0.078 3	1.87
4101	中国台湾地区集集地震 （Chi－Chi_ Taiwan）	0.52	45.64	48.01	0.22	−3.65	0.430 0	2.16
4102	中国台湾地区集集地震 （Chi－Chi_ Taiwan）	1.02	62.63	51.64	0.37	−5.46	0.280 6	3.15
4103	中国台湾地区集集地震 （Chi－Chi_ Taiwan）	0.70	63.27	53.74	0.31	−5.48	0.593 1	2.81
4107	中国台湾地区集集地震 （Chi－Chi_ Taiwan）	1.19	41.62	49.31	0.22	−4.54	0.267 4	3.47
4113	中国台湾地区集集地震 （Chi－Chi_ Taiwan）	1.13	45.20	47.73	0.22	−3.91	0.173 9	2.98
4115	中国台湾地区集集地震 （Chi－Chi_ Taiwan）	1.19	63.12	47.18	0.36	−3.76	0.483 1	3.41
4126	中国台湾地区集集地震 （Chi－Chi_ Taiwan）	0.57	54.82	46.78	0.20	13.15	0.384 6	2.40
4211	中国台湾地区集集地震 （Chi－Chi_ Taiwan）	0.32	57.78	47.45	0.20	−5.16	0.292 2	3.55
4228	中国台湾地区集集地震 （Chi－Chi_ Taiwan）	1.80	47.52	45.90	0.29	−6.89	0.427 3	3.14
4451	中国台湾地区集集地震 （Chi－Chi_ Taiwan）	1.44	43.66	43.35	0.22	−0.78	0.117 1	2.07
4458	中国台湾地区集集地震 （Chi－Chi_ Taiwan）	1.97	31.29	40.89	0.24	−7.15	0.225 3	3.19
4480	中国台湾地区集集地震 （Chi－Chi_ Taiwan）	1.07	44.35	44.31	0.16	1.31	0.125 2	2.38

续附表2

RSN	地震名称	脉冲周期	脉冲峰值	峰值时刻	临界频率	Δt	PGV/PGA	$\beta_{v,max}$
4482	中国台湾地区集集地震 (Chi−Chi_ Taiwan)	1.18	45.27	36.26	0.16	1.18	0.277 0	1.83
4483	中国台湾地区集集地震 (Chi−Chi_ Taiwan)	1.98	63.99	45.86	0.24	7.79	0.512 5	3.01
4847	中国台湾地区集集地震 (Chi−Chi_ Taiwan)	1.40	52.21	45.76	0.23	2.78	0.413 4	4.73
6887	中国台湾地区集集地震 (Chi−Chi_ Taiwan)	12.62	56.05	44.10	0.25	7.45	0.558 9	3.10
6897	中国台湾地区集集地震 (Chi−Chi_ Taiwan)	7.83	60.65	46.50	0.21	3.22	0.467 4	3.36
6906	土耳其杜斯地震 (Duzce_ Turkey)	6.23	65.73	11.07	2.01	−0.17	0.082 0	3.04
6911	中国台湾地区集集−06 地震 (Chi−Chi_ Taiwan−06)	9.92	38.40	25.87	0.42	−1.05	0.150 1	1.94
6927	中国台湾地区集集−06 地震 (Chi−Chi_ Taiwan−06)	7.37	39.28	26.05	1.85	0.02	0.081 2	2.44
6928	门多西诺角地震 (Cape Mendocino)	10.63	80.50	4.60	0.33	−1.30	0.454 0	1.52
6942	门多西诺角地震 (Cape Mendocino)	8.04	57.42	6.56	0.98	0.11	0.131 1	2.83
6959	新潟_日本地震 (Niigata_ Japan)	12.02	66.83	21.34	4.09	0.31	0.043 8	3.20
6960	日本楚津市地震 (Chuetsu−oki_ Japan)	9.39	91.01	18.45	1.06	1.38	0.202 9	2.01
6962	达菲尔德_新西兰地震 (Darfield_ New Zealand)	7.14	59.89	31.13	0.15	1.80	0.307 2	1.97
6966	达菲尔德_新西兰地震 (Darfield_ New Zealand)	8.76	30.18	21.59	0.19	0.52	0.092 7	1.56
6969	达菲尔德_新西兰地震 (Darfield_ New Zealand)	9.35	56.44	28.09	0.22	−0.09	0.286 3	1.71

续附表2

RSN	地震名称	脉冲周期	脉冲峰值	峰值时刻	临界频率	Δt	PGV/PGA	$\beta_{\text{v,max}}$
6975	达菲尔德_新西兰地震 (Darfield_ New Zealand)	8.93	65.19	26.45	0.16	1.71	0.213 5	2.17
8119	达菲尔德_新西兰地震 (Darfield_ New Zealand)	4.82	63.73	26.22	0.19	−1.16	0.270 1	2.30
8123	达菲尔德_新西兰地震 (Darfield_ New Zealand)	1.55	65.66	26.52	0.18	−0.77	0.411 0	1.97
8161	达菲尔德_新西兰地震 (Darfield_ New Zealand)	8.72	64.33	27.77	0.20	0.56	0.367 7	3.03
8164	库卡帕市－墨西哥地震 (El Mayor－Cucapah_ Mexico)	10.05	72.56	39.51	0.22	−6.10	0.181 6	4.02
8606	库卡帕市－墨西哥地震 (El Mayor－Cucapah_ Mexico)	7.08	60.68	34.45	0.26	−4.99	0.256 4	4.21

附表3 选取的海域与陆地地震台站

台站类别	台站编号	纬度/N	经度/E	深度/m	$\overline{V}_s$(m/s)与计算深度/m
海域台站	KNG201	34.59	139.91	−2 197.0	无数据
海域台站	KNG202	34.73	139.83	−2 339.0	无数据
海域台站	KNG203	34.79	139.64	−902.0	无数据
海域台站	KNG204	34.89	139.57	−933.0	无数据
海域台站	KNG205	34.94	139.42	−1 486.0	无数据
海域台站	KNG206	35.09	139.37	−1 130.0	无数据
陆地台站	CHB017	35.30	140.08	31.4	218.27/20
陆地台站	KNG005	35.32	139.55	8.5	372.41/20
陆地台站	KNG008	35.58	139.33	120.4	275.23/20
陆地台站	KNG010	35.33	139.34	6.0	206.81/20
陆地台站	KNG014	35.36	139.08	106.8	365.04/20
陆地台站	SZO001	35.14	139.08	75.5	292.44/10
陆地台站	SZO002	34.97	139.10	44.2	242.58/12
陆地台站	SZO007	34.98	138.95	49.3	343.28/10
陆地台站	SZO010	35.31	138.91	537.0	289.14/20
陆地台站	TKY008	34.79	139.39	67.0	377.38/20
陆地台站	TKY009	34.69	139.44	60.0	282.60/20
陆地台站	TKY010	34.38	139.26	19.0	258.33/20

注:$\overline{V}_s$ 为平均剪切波速。

附表 4　选取的 41 次地震事件(25 次海域震源地震事件和 16 次陆地震源地震事件)

编号	时间	纬度/N	经度/E	震源深度/km	震级	震源位置
S#1	2019-10-12,18:22:00.00	34.67	140.65	75	5.4	海底
S#2	2018-07-07,20:23:00.00	35.16	140.59	57	6.0	海底
S#3	2015-09-12,05:49:00.00	35.55	139.83	57	5.2	海底
S#4	2015-05-30,20:24:00.00	27.86	140.68	682	8.1	海底
S#5	2014-06-17,02:42:00.00	34.00	139.82	121	5.3	海底
S#6	2014-05-05,05:18:00.00	34.95	139.48	156	6.0	海底
S#7	2014-02-11,04:14:00.00	34.19	140.16	91	5.3	海底
S#8	2013-04-17,17:57:00.00	34.05	139.35	9	6.2	海底
S#9	2012-01-01,14:28:00.00	31.43	138.56	397	7.0	海底
S#10	2011-03-11,14:46:00.00	38.10	142.86	24	9.0	海底
S#11	2011-02-26,04:12:00.00	34.44	140.37	56	5.0	海底
S#12	2011-02-05,10:56:00.00	34.85	140.62	64	5.2	海底
S#13	2009-12-18,08:45:00.00	34.96	139.13	5	5.1	海底
S#14	2009-08-13,07:49:00.00	32.87	140.82	57	6.6	海底
S#15	2009-08-11,05:07:00.00	34.78	138.50	23	6.5	海底
S#16	2009-08-09,19:56:00.00	33.13	138.40	333	6.8	海底
S#17	2008-02-10,09:37:00.00	34.79	140.24	95	5.0	海底
S#18	2006-10-14,06:38:00.00	34.89	140.30	64	5.1	海底
S#19	2006-05-02,18:24:00.00	34.92	139.33	15	5.1	海底
S#20	2006-04-21,02:50:00.00	34.94	139.19	7	5.8	海底
S#21	2006-04-11,17:46:00.00	34.68	140.60	66	5.0	海底
S#22	2003-10-15,16:30:00.00	35.61	140.05	74	5.1	海底
S#23	2000-09-11,07:49:00.00	34.52	139.22	9	5.3	海底
S#24	2000-07-30,21:25:00.00	33.97	139.40	18	6.4	海底
S#25	2000-07-30,09:18:00.00	34.01	139.38	14	5.8	海底
L#1	2020-05-06,01:57:00.00	35.63	140.08	68	5.0	陆地
L#2	2020-02-01,02:07:00.00	35.97	140.06	63	5.3	陆地
L#3	2017-08-10,09:36:00.00	35.80	140.09	64	5.0	陆地
L#4	2016-07-19,12:57:00.00	35.41	140.35	33	5.2	陆地
L#5	2013-11-16,20:44:00.00	35.59	140.15	72	5.3	陆地
L#6	2012-07-03,11:31:00.00	35.00	139.87	88	5.2	陆地
L#7	2012-05-29,01:36:00.00	35.80	140.09	64	5.2	陆地

续附表4

编号	时间	纬度/N	经度/E	震源深度/km	震级	震源位置
L♯8	2012-03-16,04:20:00.00	35.88	139.59	94	5.3	陆地
L♯9	2012-01-28,07:43:00.00	35.49	138.98	18	5.4	陆地
L♯10	2011-04-21,22:37:00.00	35.67	140.69	46	6.0	陆地
L♯11	2011-03-16,22:39:00.00	36.00	140.50	60	5.3	陆地
L♯12	2011-03-15,22:31:00.00	35.31	138.71	14	6.4	陆地
L♯13	2007-10-01,02:21:00.00	35.23	139.12	14	4.9	陆地
L♯14	2006-02-01,20:36:00.00	35.76	140.00	101	5.1	陆地
L♯15	2003-09-20,12:55:00.00	35.22	140.30	70	5.8	陆地
L♯16	2003-05-12,00:57:00.00	35.87	140.08	47	5.2	陆地

附表5　2019－10－12,18:22:00.00 地震事件下台站记录信息

（A 组为海底台站,B 组为陆地台站）

编号	台站号	震中距/km	PGA		
			水平 EW 向	水平 NS 向	竖向 UD 向
A1	KNG201	67	72.38	45.12	7.86
A2	KNG202	74	79.16	60.81	19.13
A3	KNG203	93	26.34	26.46	6.42
A4	KNG204	102	20.13	15.37	6.58
A5	KNG205	116	44.67	35.20	6.87
A6	KNG206	125	23.58	35.53	4.25
B1	CHB017	87	12.03	11.17	9.92
B2	KNG005	123	3.72	3.51	3.35
B3	KNG008	—	—	—	—
B4	KNG010	140	7.78	9.63	3.74
B5	KNG014	—	—	—	—
B6	SZO001	152	6.71	5.32	1.67
B7	SZO002	145	7.73	5.28	4.14
B8	SZO007	—	—	—	—
B9	SZO010	—	—	—	—
B10	TKY008	116	13.61	16.05	30.80
B11	TKY009	111	17.28	15.00	9.72
B12	TKY010	132	9.23	13.06	5.81

附表6　2018−07−07,20:23:00.00 地震事件下台站记录信息

编号	台站号	震中距/km	PGA		
			水平 EW 向	水平 NS 向	竖向 UD 向
A1	KNG201	88	104.02	96.62	6.08
A2	KNG202	83	79.59	68.38	33.29
A3	KNG203	96	64.46	39.97	5.73
A4	KNG204	98	23.19	19.66	6.19
A5	KNG205	110	40.74	39.34	5.74
A6	KNG206	111	47.43	38.13	7.31
B1	CHB017	49	41.50	60.48	38.55
B2	KNG005	97	13.24	10.32	8.48
B3	KNG008	124	11.21	7.24	6.33
B4	KNG010	115	11.85	8.70	4.68
B5	KNG014	139	7.95	7.63	4.86
B6	SZO001	138	14.17	8.28	3.13
B7	SZO002	138	19.73	12.66	6.97
B8	SZO007	151	7.05	5.55	1.76
B9	SZO010	154	5.51	4.09	2.78
B10	TKY008	117	22.24	36.15	17.03
B11	TKY009	118	19.04	12.84	9.86
B12	TKY010	150	8.37	9.96	4.94

附表7　2015－09－12,05:49:00.00 地震事件下台站记录信息

编号	台站号	震中距/km	PGA		
			水平 EW 向	水平 NS 向	竖向 UD 向
A1	KNG201	107	63.87	78.15	4.10
A2	KNG202	90	51.81	35.78	17.29
A3	KNG203	85	49.10	39.99	11.14
A4	KNG204	77	73.62	36.06	8.72
A5	KNG205	77	81.67	71.81	10.24
A6	KNG206	65	92.88	63.77	8.82
B1	CHB017	36	20.51	23.76	19.94
B2	KNG005	36	16.49	18.77	8.98
B3	KNG008	46	91.18	101.89	27.53
B4	KNG010	50	13.30	12.59	10.01
B5	KNG014	71	30.42	16.84	12.87
B6	SZO001	82	48.25	26.12	14.94
B7	SZO002	93	22.01	16.26	13.07
B8	SZO007	103	19.58	22.74	5.42
B9	SZO010	—	—	—	—
B10	TKY008	94	35.54	40.27	38.42
B11	TKY009	102	23.65	26.05	11.75
B12	TKY010	—	—	—	—

附表 8 2015－05－30,20:24:00.00 地震事件下台站记录信息

编号	台站号	震中距/km	PGA		
			水平 EW 向	水平 NS 向	竖向 UD 向
A1	KNG201	750	130.52	137.24	9.89
A2	KNG202	767	66.13	49.76	27.04
A3	KNG203	775	30.37	42.32	9.98
A4	KNG204	787	32.48	35.27	12.16
A5	KNG205	794	54.09	61.17	5.85
A6	KNG206	811	58.36	53.09	13.38
B1	CHB017	826	29.16	35.95	12.93
B2	KNG005	—	—	—	—
B3	KNG008	865	8.28	10.01	3.36
B4	KNG010	838	21.93	13.95	9.83
B5	KNG014	845	9.12	7.26	3.23
B6	SZO001	—	—	—	—
B7	SZO002	902	10.23	6.38	2.96
B8	SZO007	—	—	—	—
B9	SZO010	843	9.53	6.61	3.90
B10	TKY008	777	8.49	10.76	4.75
B11	TKY009	766	13.58	16.27	9.50
B12	TKY010	735	8.64	9.15	3.66

附表 9　2014－06－17,02:42:00.00 地震事件下台站记录信息

编号	台站号	震中距/km	PGA		
			水平 EW 向	水平 NS 向	竖向 UD 向
A1	KNG201	67	33.13	51.59	3.70
A2	KNG202	82	49.30	22.75	11.49
A3	KNG203	90	27.76	18.27	1.92
A4	KNG204	102	9.17	7.37	3.21
A5	KNG205	111	12.43	11.37	1.54
A6	KNG206	128	20.18	17.44	2.82
B1	CHB017	146	7.27	5.74	5.88
B2	KNG005	—	—	—	—
B3	KNG008	—	—	—	—
B4	KNG010	—	—	—	—
B5	KNG014	—	—	—	—
B6	SZO001	—	—	—	—
B7	SZO002	—	—	—	—
B8	SZO007	—	—	—	—
B9	SZO010	—	—	—	—
B10	TKY008	96	5.68	6.38	4.83
B11	TKY009	—	—	—	—
B12	TKY010	—	—	—	—

附表10 2014-05-05,05:18:00.00 地震事件下台站记录信息

编号	台站号	震中距/km	PGA		
			水平 EW 向	水平 NS 向	竖向 UD 向
A1	KNG201	56	72.74	89.39	6.95
A2	KNG202	40	101.67	89.81	53.47
A3	KNG203	23	47.91	29.93	6.18
A4	KNG204	11	37.09	24.34	9.22
A5	KNG205	5	51.99	42.74	5.22
A6	KNG206	19	64.88	46.78	9.47
B1	CHB017	67	42.94	39.49	20.75
B2	KNG005	41	28.05	27.24	11.31
B3	KNG008	71	29.43	31.36	44.16
B4	KNG010	44	13.36	12.87	6.59
B5	KNG014	58	14.02	15.39	12.97
B6	SZO001	42	30.60	20.27	6.99
B7	SZO002	34	15.18	12.37	22.45
B8	SZO007	49	5.75	4.42	3.01
B9	SZO010	64	6.47	6.83	5.04
B10	TKY008	20	28.52	19.51	14.43
B11	TKY009	30	19.62	21.13	8.82
B12	TKY010	67	6.04	7.68	3.90

附表 11　2014－02－11,04:14:00.00 地震事件下台站记录信息

编号	台站号	震中距/km	PGA		
			水平 EW 向	水平 NS 向	竖向 UD 向
A1	KNG201	50	151.61	214.40	19.55
A2	KNG202	68	108.41	63.88	38.23
A3	KNG203	82	35.50	30.95	4.41
A4	KNG204	95	27.71	19.34	8.08
A5	KNG205	107	65.29	56.67	8.49
A6	KNG206	123	46.43	34.15	5.22
B1	CHB017	123	20.26	20.25	9.06
B2	KNG005	—	—	—	—
B3	KNG008	171	5.60	7.88	2.06
B4	KNG010	147	7.55	4.65	2.14
B5	KNG014	—	—	—	—
B6	SZO001	145	6.43	5.21	4.05
B7	SZO002	130	7.49	4.40	3.35
B8	SZO007	—	—	—	—
B9	SZO010	167	1.13	1.29	0.78
B10	TKY008	97	14.63	16.86	11.62
B11	TKY009	86	11.75	19.07	8.21
B12	TKY010	86	14.60	17.98	5.60

附表 12　2013－04－17,17:57:00.00 地震事件下台站记录信息

编号	台站号	震中距/km	PGA		
			水平 EW 向	水平 NS 向	竖向 UD 向
A1	KNG201	80	33.25	65.82	3.85
A2	KNG202	89	28.30	26.44	10.92
A3	KNG203	88	22.87	29.42	5.04
A4	KNG204	96	18.21	14.50	6.12
A5	KNG205	99	23.73	21.18	2.57
A6	KNG206	116	20.96	13.22	4.23
B1	CHB017	—	—	—	—
B2	KNG005	—	—	—	—
B3	KNG008	—	—	—	—
B4	KNG010	—	—	—	—
B5	KNG014	—	—	—	—
B6	SZO001	—	—	—	—
B7	SZO002	—	—	—	—
B8	SZO007	—	—	—	—
B9	SZO010	—	—	—	—
B10	TKY008	—	—	—	—
B11	TKY009	71	8.60	8.27	3.81
B12	TKY010	38	30.29	32.98	13.94

附表 13　2012－01－01,14:28:00.00 地震事件下台站记录信息

编号	台站号	震中距/km	PGA		
			水平 EW 向	水平 NS 向	竖向 UD 向
A1	KNG201	373	96.02	145.78	6.64
A2	KNG202	386	61.52	44.52	24.39
A3	KNG203	387	47.57	38.77	4.70
A4	KNG204	396	22.91	24.26	8.14
A5	KNG205	398	28.99	35.60	3.55
A6	KNG206	414	43.33	36.41	9.68
B1	CHB017	452	29.25	25.14	14.67
B2	KNG005	441	8.14	8.57	4.83
B3	KNG008	465	20.89	14.53	7.98
B4	KNG010	439	7.40	8.29	3.79
B5	KNG014	439	8.63	6.95	3.64
B6	SZO001	415	8.81	6.55	2.31
B7	SZO002	395	7.24	5.65	2.92
B8	SZO007	395	2.62	2.34	0.82
B9	SZO010	432	5.04	3.63	2.42
B10	TKY008	—	—	—	—
B11	TKY009	371	11.02	11.13	5.43
B12	TKY010	333	6.21	6.12	2.98

附表 14　2011－03－11,14:46:00.00 地震事件下台站记录信息

编号	台站号	震中距/km	PGA		
			水平 EW 向	水平 NS 向	竖向 UD 向
A1	KNG201	470	123.82	107.09	15.31
A2	KNG202	461	149.99	94.92	47.68
A3	KNG203	466	90.62	62.26	18.10
A4	KNG204	462	65.20	59.82	20.85
A5	KNG205	467	150.15	157.68	20.59
A6	KNG206	456	367.53	208.76	61.52
B1	CHB017	398	90.35	108.51	38.94
B2	KNG005	428	38.68	47.41	26.25
B3	KNG008	422	115.52	95.73	48.53
B4	KNG010	439	79.55	91.94	55.01
B5	KNG014	454	82.35	67.43	26.14
B6	SZO001	471	49.69	28.32	11.87
B7	SZO002	484	74.74	43.70	17.75
B8	SZO007	493	11.20	10.62	7.66
B9	SZO010	468	78.02	91.55	51.86
B10	TKY008	482	50.32	53.10	28.35
B11	TKY009	487	23.86	23.88	13.51
B12	TKY010	525	213.40	235.79	134.64

附表 15　2011－02－26,04:12:00.00 地震事件下台站记录信息

编号	台站号	震中距/km	PGA		
			水平 EW 向	水平 NS 向	竖向 UD 向
A1	KNG201	45	40.75	63.58	3.83
A2	KNG202	59	46.99	32.10	17.84
A3	KNG203	78	16.79	8.34	1.69
A4	KNG204	89	8.26	4.99	2.23
A5	KNG205	104	20.35	19.71	1.94
A6	KNG206	117	21.56	21.25	3.27
B1	CHB017	100	4.70	4.32	2.48
B2	KNG005	124	1.24	1.59	0.56
B3	KNG008	—	—	—	—
B4	KNG010	—	—	—	—
B5	KNG014	—	—	—	—
B6	SZO001	142	4.72	3.15	1.45
B7	SZO002	130	2.82	2.83	1.36
B8	SZO007	144	3.01	3.09	0.87
B9	SZO010	—	—	—	—
B10	TKY008	98	14.16	17.55	7.30
B11	TKY009	90	7.17	12.98	7.54
B12	TKY010	103	6.92	7.99	3.51

附表 16　2011-02-05,10:56:00.00 地震事件下台站记录信息

编号	台站号	震中距/km	PGA		
			水平 EW 向	水平 NS 向	竖向 UD 向
A1	KNG201	70	118.85	77.80	10.42
A2	KNG202	72	64.55	44.95	21.32
A3	KNG203	89	31.16	30.09	3.32
A4	KNG204	96	27.69	23.97	9.72
A5	KNG205	110	62.32	59.84	5.23
A6	KNG206	116	64.69	40.98	7.23
B1	CHB017	70	26.63	24.91	10.28
B2	KNG005	—	—	—	—
B3	KNG008	—	—	—	—
B4	KNG010	—	—	—	—
B5	KNG014	151	5.03	4.53	1.79
B6	SZO001	144	5.80	5.19	1.52
B7	SZO002	139	14.23	6.22	9.01
B8	SZO007	153	6.45	4.77	1.25
B9	SZO010	—	—	—	—
B10	TKY008	112	25.42	24.98	16.97
B11	TKY009	109	24.99	30.72	24.24
B12	TKY010	136	6.35	7.19	3.21

附表 17　2009－12－18,08:45:00.00 地震事件下台站记录信息

编号	台站号	震中距/km	PGA		
			水平 EW 向	水平 NS 向	竖向 UD 向
A1	KNG201	—	—	—	—
A2	KNG202	69	7.93	5.09	2.36
A3	KNG203	50	18.88	11.76	4.61
A4	KNG204	41	20.60	12.68	7.38
A5	KNG205	27	58.41	53.37	15.23
A6	KNG206	27	25.18	25.14	7.01
B1	CHB017	—	—	—	—
B2	KNG005	—	—	—	—
B3	KNG008	71	6.91	5.41	3.33
B4	KNG010	—	—	—	—
B5	KNG014	45	8.82	6.70	4.68
B6	SZO001	21	53.33	29.87	8.68
B7	SZO002	2	639.22	312.55	229.01
B8	SZO007	17	35.08	45.25	11.93
B9	SZO010	—	—	—	—
B10	TKY008	31	17.73	15.14	8.17
B11	TKY009	—	—	—	—
B12	TKY010	—	—	—	—
B10	TKY008	31	17.73	15.14	8.17
B11	TKY009	—	—	—	—
B12	TKY010	—	—	—	—

附表 18 2009－08－13,07:49:00.00 地震事件下台站记录信息

编号	台站号	震中距/km	PGA		
			水平 EW 向	水平 NS 向	竖向 UD 向
A1	KNG201	209	27.56	34.83	2.48
A2	KNG202	227	17.49	15.40	7.89
A3	KNG203	240	34.05	35.47	5.70
A4	KNG204	253	20.81	25.57	8.66
A5	KNG205	264	56.38	47.86	6.84
A6	KNG206	281	88.98	94.93	19.05
B1	CHB017	278	7.82	7.64	5.13
B2	KNG005	296	5.78	5.02	3.24
B3	KNG008	330	8.18	6.65	6.71
B4	KNG010	306	8.53	6.07	4.04
B5	KNG014	320	6.57	4.65	2.85
B6	SZO001	299	5.57	3.81	2.51
B7	SZO002	282	7.66	4.10	4.06
B8	SZO007	—	—	—	—
B9	SZO010	—	—	—	—
B10	TKY008	251	11.10	11.51	6.04
B11	TKY009	239	10.89	11.47	8.39
B12	TKY010	222	11.14	16.32	6.67

附表 19　2009－08－11,05:07:00.00 地震事件下台站记录信息

编号	台站号	震中距/km	PGA		
			水平 EW 向	水平 NS 向	竖向 UD 向
A1	KNG201	132	27.56	34.83	2.48
A2	KNG202	123	17.49	15.40	7.89
A3	KNG203	105	34.05	35.47	5.70
A4	KNG204	99	20.81	25.57	8.66
A5	KNG205	86	56.38	47.86	6.84
A6	KNG206	87	88.98	94.93	19.05
B1	CHB017	155	5.66	8.19	3.50
B2	KNG005	112	13.28	14.74	5.13
B3	KNG008	116	36.13	26.92	16.66
B4	KNG010	99	13.64	16.78	7.41
B5	KNG014	83	91.79	81.23	36.38
B6	SZO001	66	135.63	129.98	30.63
B7	SZO002	59	131.35	175.31	46.39
B8	SZO007	46	126.75	107.01	43.86
B9	SZO010	70	42.16	43.03	19.94
B10	TKY008	82	18.97	22.20	12.72
B11	TKY009	87	66.72	57.99	21.92
B12	TKY010	83	51.17	73.72	38.34

附表 20　2009-08-09,19:56:00.00 地震事件下台站记录信息

编号	台站号	震中距/km	PGA		
			水平 EW 向	水平 NS 向	竖向 UD 向
A1	KNG201	215	71.33	126.92	7.83
A2	KNG202	223	81.55	71.96	38.97
A3	KNG203	218	52.25	42.89	7.02
A4	KNG204	224	29.67	22.04	7.20
A5	KNG205	222	35.58	31.20	5.11
A6	KNG206	236	43.96	43.96	6.90
B1	CHB017	286	31.15	32.11	18.80
B2	KNG005	265	11.82	13.52	6.18
B3	KNG008	284	16.84	14.39	13.59
B4	KNG010	260	8.15	7.84	4.96
B5	KNG014	255	9.60	8.03	6.32
B6	SZO001	232	13.83	12.23	4.78
B7	SZO002	214	9.45	6.72	4.46
B8	SZO007	—	—	—	—
B9	SZO010	247	5.51	5.26	3.39
B10	TKY008	205	18.49	19.13	11.43
B11	TKY009	198	13.62	14.26	7.43
B12	TKY010	160	6.86	7.95	4.53

附表 21　2008－02－10,09:37:00.00 地震事件下台站记录信息

编号	台站号	震中距/km	PGA		
			水平 EW 向	水平 NS 向	竖向 UD 向
A1	KNG201	36	56.36	48.28	6.32
A2	KNG202	37	97.80	50.12	16.97
A3	KNG203	54	34.27	23.23	4.60
A4	KNG204	62	23.73	17.34	4.92
A5	KNG205	76	37.97	40.28	4.16
A6	KNG206	85	36.95	38.20	5.57
B1	CHB017	58	6.79	7.30	3.77
B2	KNG005	—	—	—	—
B3	KNG008	—	—	—	—
B4	KNG010	101	5.29	5.09	1.93
B5	KNG014	—	—	—	—
B6	SZO001	113	7.65	5.78	1.53
B7	SZO002	105	17.99	15.74	6.99
B8	SZO007	—	—	—	—
B9	SZO010	—	—	—	—
B10	TKY008	77	24.54	31.37	11.57
B11	TKY009	74	21.91	21.93	9.95
B12	TKY010	101	10.54	11.57	5.09

附表 22 2006－10－14,06:38:00.00 地震事件下台站记录信息

编号	台站号	震中距/km	PGA		
			水平 EW 向	水平 NS 向	竖向 UD 向
A1	KNG201	48	47.47	57.07	4.26
A2	KNG202	46	229.21	68.83	52.83
A3	KNG203	61	41.78	25.93	8.94
A4	KNG204	67	32.55	36.48	13.90
A5	KNG205	81	51.45	36.93	7.83
A6	KNG206	87	66.73	51.69	6.59
B1	CHB017	50	16.54	26.89	17.66
B2	KNG005	84	9.34	5.57	5.94
B3	KNG008	—	—	—	—
B4	KNG010	100	25.44	11.11	7.55
B5	KNG014	123	6.46	9.80	3.03
B6	SZO001	115	11.24	7.65	3.12
B7	SZO002	110	11.58	9.04	8.42
B8	SZO007	124	9.89	10.79	2.17
B9	SZO010	—	—	—	—
B10	TKY008	84	19.02	24.58	12.63
B11	TKY009	82	20.56	28.95	27.42
B12	TKY010	112	6.57	6.72	5.26

附　　录

附表 23　2006－05－02,18:24:00.00 地震事件下台站记录信息

编号	台站号	震中距/km	PGA		
			水平 EW 向	水平 NS 向	竖向 UD 向
A1	KNG201	65	36.38	34.09	1.65
A2	KNG202	51	24.85	22.29	13.01
A3	KNG203	32	175.71	98.42	44.21
A4	KNG204	22	101.08	104.76	28.05
A5	KNG205	9	418.76	252.15	96.28
A6	KNG206	20	233.16	77.81	19.08
B1	CHB017	80	7.49	6.06	3.26
B2	KNG005	49	15.24	13.63	4.33
B3	KNG008	73	22.61	11.10	4.39
B4	KNG010	46	9.14	5.43	2.76
B5	KNG014	54	16.95	18.76	8.33
B6	SZO001	34	126.47	66.29	15.96
B7	SZO002	21	222.73	77.28	51.06
B8	SZO007	36	201.82	201.51	47.86
B9	SZO010	—	—	—	—
B10	TKY008	16	59.65	104.28	55.77
B11	TKY009	27	9.95	11.58	8.55
B12	TKY010	60	13.95	12.93	8.12

附表 24 2006－04－21,02:50:00.00 地震事件下台站记录信息

编号	台站号	震中距/km	PGA		
			水平 EW 向	水平 NS 向	竖向 UD 向
A1	KNG201	76	123.29	65.00	4.93
A2	KNG202	63	37.00	22.45	11.29
A3	KNG203	44	84.96	38.87	7.05
A4	KNG204	35	52.42	39.79	15.21
A5	KNG205	21	251.59	145.31	22.73
A6	KNG206	24	119.59	81.32	22.56
B1	CHB017	90	6.98	5.82	4.34
B2	KNG005	53	6.13	7.92	3.01
B3	KNG008	71	15.37	11.96	7.71
B4	KNG010	46	10.50	11.04	5.09
B5	KNG014	48	23.78	15.65	10.26
B6	SZO001	25	209.61	99.56	37.94
B7	SZO002	9	311.85	127.75	101.67
B8	SZO007	23	146.47	90.46	37.85
B9	SZO010	47	8.77	6.50	3.60
B10	TKY008	25	80.51	92.43	35.46
B11	TKY009	36	18.25	11.73	10.79
B12	TKY010	63	44.24	21.60	14.26

附表 25　2006－04－11,17:46:00.00 地震事件下台站记录信息

编号	台站号	震中距/km	PGA		
			水平 EW 向	水平 NS 向	竖向 UD 向
A1	KNG201	63	43.03	78.91	4.53
A2	KNG202	70	29.93	19.29	11.83
A3	KNG203	88	14.58	11.50	1.71
A4	KNG204	97	11.31	7.94	3.23
A5	KNG205	112	27.39	25.60	3.73
A6	KNG206	121	19.04	16.61	3.02
B1	CHB017	—	—	—	—
B2	KNG005	—	—	—	—
B3	KNG008	—	—	—	—
B4	KNG010	135	5.07	3.73	1.32
B5	KNG014	—	—	—	—
B6	SZO001	—	—	—	—
B7	SZO002	—	—	—	—
B8	SZO007	—	—	—	—
B9	SZO010	—	—	—	—
B10	TKY008	111	11.72	17.75	7.61
B11	TKY009	106	10.00	13.97	6.49
B12	TKY010	—	—	—	—

附表 26 2003-10-15,16:30:00.00 地震事件下台站记录信息

编号	台站号	震中距/km	PGA		
			水平 EW 向	水平 NS 向	竖向 UD 向
A1	KNG201	113	11.87	17.28	1.36
A2	KNG202	99	23.08	15.11	6.76
A3	KNG203	98	28.86	27.60	2.61
A4	KNG204	91	19.73	16.84	3.80
A5	KNG205	94	24.21	19.44	4.02
A6	KNG206	84	27.60	19.53	3.37
B1	CHB017	35	52.36	79.83	16.44
B2	KNG005	56	8.11	8.18	3.69
B3	KNG008	66	26.68	27.47	11.82
B4	KNG010	70	8.07	6.06	4.44
B5	KNG014	92	7.39	11.47	6.66
B6	SZO001	102	19.87	17.24	6.12
B7	SZO002	—	—	—	—
B8	SZO007	123	7.37	5.69	2.13
B9	SZO010	—	—	—	—
B10	TKY008	110	22.29	20.86	13.85
B11	TKY009	—	—	—	—
B12	TKY010	—	—	—	—

附表 27　2000－09－11,07:49:00.00 地震事件下台站记录信息

编号	台站号	震中距/km	PGA		
			水平 EW 向	水平 NS 向	竖向 UD 向
A1	KNG201	65	22.71	32.71	2.08
A2	KNG202	62	26.57	23.40	9.18
A3	KNG203	50	19.23	10.42	2.68
A4	KNG204	53	5.72	5.03	1.98
A5	KNG205	51	12.90	11.38	1.40
A6	KNG206	66	8.62	8.48	2.89
B1	CHB017	—	—	—	—
B2	KNG005	94	8.07	7.15	3.12
B3	KNG008	—	—	—	—
B4	KNG010	—	—	—	—
B5	KNG014	—	—	—	—
B6	SZO001	—	—	—	—
B7	SZO002	51	9.02	4.47	3.09
B8	SZO007	—	—	—	—
B9	SZO010	—	—	—	—
B10	TKY008	34	12.90	14.53	9.91
B11	TKY009	—	—	—	—
B12	TKY010	—	—	—	—

附表28　2000－07－30,21:25:00.00 地震事件下台站记录信息

编号	台站号	震中距/km	PGA		
			水平 EW 向	水平 NS 向	竖向 UD 向
A1	KNG201	85	126.09	192.32	10.46
A2	KNG202	95	68.58	68.91	27.05
A3	KNG203	95	45.91	41.21	8.55
A4	KNG204	104	29.73	27.64	9.65
A5	KNG205	108	50.97	57.37	4.86
A6	KNG206	125	40.68	27.69	10.98
B1	CHB017	160	10.77	11.06	5.96
B2	KNG005	151	14.15	15.36	8.19
B3	KNG008	—	—	—	—
B4	KNG010	152	6.89	4.75	2.79
B5	KNG014	—	—	—	—
B6	SZO001	—	—	—	—
B7	SZO002	114	11.80	5.20	2.94
B8	SZO007	—	—	—	—
B9	SZO010	—	—	—	—
B10	TKY008	91	12.53	18.05	7.59
B11	TKY009	80	15.87	19.96	11.12
B12	TKY010	48	46.10	35.61	27.04

附表 29　2000－07－30,09:18:00.00 地震事件下台站记录信息

编号	台站号	震中距/km	PGA		
			水平 EW 向	水平 NS 向	竖向 UD 向
A1	KNG201	82	29.44	32.34	2.86
A2	KNG202	91	26.83	20.50	10.68
A3	KNG203	90	17.81	18.20	3.63
A4	KNG204	99	12.39	9.85	4.16
A5	KNG205	103	18.60	25.48	2.15
A6	KNG206	120	21.26	10.45	4.33
B1	CHB017	—	—	—	—
B2	KNG005	146	8.74	8.70	4.89
B3	KNG008	—	—	—	—
B4	KNG010	—	—	—	—
B5	KNG014	—	—	—	—
B6	SZO001	—	—	—	—
B7	SZO002	—	—	—	—
B8	SZO007	—	—	—	—
B9	SZO010	—	—	—	—
B10	TKY008	—	—	—	—
B11	TKY009	75	6.08	4.91	4.02
B12	TKY010	42	28.84	19.43	11.88

附表 30　2020－05－06,01:57:00.00 地震事件下台站记录信息

编号	台站号	震中距/km	PGA		
			水平 EW 向	水平 NS 向	竖向 UD 向
A1	KNG201	116	24.93	5.38	1.78
A2	KNG202	101	22.37	14.75	6.63
A3	KNG203	101	19.17	24.49	1.92
A4	KNG204	94	12.57	9.67	3.18
A5	KNG205	97	15.06	12.29	2.57
A6	KNG206	87	19.53	13.20	2.59
B1	CHB017	37	11.75	19.88	10.96
B2	KNG005	59	7.11	5.85	3.15
B3	KNG008	68	10.91	14.37	12.83
B4	KNG010	74	9.88	7.59	3.61
B5	KNG014	95	5.90	5.52	4.98
B6	SZO001	106	12.03	9.95	3.75
B7	SZO002	—	—	—	—
B8	SZO007	—	—	—	—
B9	SZO010	—	—	—	—
B10	TKY008	113	6.47	7.73	6.75
B11	TKY009	120	7.23	5.97	4.27
B12	TKY010	—	—	—	—

附表 31　2020－02－01,02:07:00.00 地震事件下台站记录信息

编号	台站号	震中距/km	PGA		
			水平 EW 向	水平 NS 向	竖向 UD 向
A1	KNG201	153	14.19	4.08	1.23
A2	KNG202	138	14.41	9.70	4.80
A3	KNG203	135	12.35	12.94	1.35
A4	KNG204	127	9.46	6.65	2.40
A5	KNG205	128	11.91	12.37	2.06
A6	KNG206	115	13.44	13.40	2.82
B1	CHB017	74	9.82	9.77	5.77
B2	KNG005	—	—	—	—
B3	KNG008	—	—	—	—
B4	KNG010	96	5.26	5.39	2.02
B5	KNG014	—	—	—	—
B6	SZO001	128	9.15	5.64	3.26
B7	SZO002	—	—	—	—
B8	SZO007	—	—	—	—
B9	SZO010	—	—	—	—
B10	TKY008	145	6.19	6.65	4.73
B11	TKY009	—	—	—	—
B12	TKY010	—	—	—	—

附表 32　2017－08－10,09:36:00.00 地震事件下台站记录信息

编号	台站号	震中距/km	PGA		
			水平 EW 向	水平 NS 向	竖向 UD 向
A1	KNG201	134	13.15	20.00	1.10
A2	KNG202	119	15.34	11.11	5.38
A3	KNG203	118	19.88	13.15	1.60
A4	KNG204	111	19.11	12.08	4.11
A5	KNG205	113	16.61	14.97	2.93
A6	KNG206	101	35.52	18.25	3.41
B1	CHB017	55	7.08	13.81	7.38
B2	KNG005	72	5.62	9.02	2.58
B3	KNG008	73	8.10	12.94	12.30
B4	KNG010	—	—	—	—
B5	KNG014	103	7.90	9.60	5.22
B6	SZO001	117	21.66	14.95	5.29
B7	SZO002	129	12.38	7.95	6.87
B8	SZO007	138	5.85	5.06	1.33
B9	SZO010	—	—	—	—
B10	TKY008	129	6.99	9.15	10.06
B11	TKY009	136	7.13	5.89	3.08
B12	TKY010	—	—	—	—

附表 33　2016－07－19,12:57:00.00 地震事件下台站记录信息

编号	台站号	震中距/km	PGA		
			水平 EW 向	水平 NS 向	竖向 UD 向
A1	KNG201	99	12.83	21.34	1.68
A2	KNG202	88	15.28	11.71	6.23
A3	KNG203	94	25.17	10.74	1.28
A4	KNG204	92	7.79	6.71	2.41
A5	KNG205	100	20.65	14.18	1.72
A6	KNG206	95	30.50	13.84	3.47
B1	CHB017	28	25.73	22.92	18.36
B2	KNG005	—	—	—	—
B3	KNG008	—	—	—	—
B4	KNG010	—	—	—	—
B5	KNG014	—	—	—	—
B6	SZO001	—	—	—	—
B7	SZO002	124	8.40	5.74	2.58
B8	SZO007	—	—	—	—
B9	SZO010	—	—	—	—
B10	TKY008	112	7.42	7.58	4.83
B11	TKY009	116	7.31	5.55	2.53
B12	TKY010	—	—	—	—

附表 34   2013－11－16,20:44:00.00 地震事件下台站记录信息

编号	台站号	震中距/km	PGA		
			水平 EW 向	水平 NS 向	竖向 UD 向
A1	KNG201	113	32.51	38.45	2.44
A2	KNG202	99	62.02	26.65	15.34
A3	KNG203	99	38.39	60.80	3.41
A4	KNG204	94	21.91	16.22	5.59
A5	KNG205	98	30.93	31.01	4.42
A6	KNG206	89	34.47	36.56	4.62
B1	CHB017	33	21.52	36.02	13.77
B2	KNG005	63	12.53	11.45	5.49
B3	KNG008	75	18.56	22.99	18.60
B4	KNG010	78	10.65	8.29	4.38
B5	KNG014	100	10.11	10.43	7.64
B6	SZO001	109	26.14	19.82	10.11
B7	SZO002	118	10.83	7.30	6.26
B8	SZO007	129	8.73	13.64	3.65
B9	SZO010	115	6.19	6.94	2.76
B10	TKY008	113	16.38	16.63	12.43
B11	TKY009	119	10.87	11.40	5.99
B12	TKY010	—	—	—	—

附表 35　2012－07－03,11:31:00.00 地震事件下台站记录信息

编号	台站号	震中距/km	PGA		
			水平 EW 向	水平 NS 向	竖向 UD 向
A1	KNG201	45	83.15	91.93	6.35
A2	KNG202	29	135.75	106.53	45.24
A3	KNG203	30	70.78	86.05	5.08
A4	KNG204	30	56.20	54.52	10.54
A5	KNG205	41	155.70	170.80	11.60
A6	KNG206	46	118.56	74.28	15.90
B1	CHB017	38	44.21	25.09	16.00
B2	KNG005	46	22.57	18.57	14.71
B3	KNG008	—	—	—	—
B4	KNG010	60	31.80	16.01	7.18
B5	KNG014	82	15.57	16.62	7.04
B6	SZO001	74	38.96	22.27	5.66
B7	SZO002	70	52.64	22.21	26.81
B8	SZO007	84	21.13	10.32	3.57
B9	SZO010	92	9.89	6.78	3.40
B10	TKY008	50	35.36	38.27	29.52
B11	TKY009	52	36.36	34.03	14.85
B12	TKY010	89	6.94	10.11	5.65

附表 36　2012－05－29,01:36:00.00 地震事件下台站记录信息

编号	台站号	震中距/km	PGA		
			水平 EW 向	水平 NS 向	竖向 UD 向
A1	KNG201	135	28.99	21.31	2.09
A2	KNG202	120	21.38	19.88	8.63
A3	KNG203	119	37.78	20.70	2.73
A4	KNG204	111	20.35	13.84	4.06
A5	KNG205	113	20.86	19.88	3.09
A6	KNG206	102	47.90	44.13	5.48
B1	CHB017	56	20.89	24.58	8.88
B2	KNG005	73	7.07	8.40	3.51
B3	KNG008	73	19.47	15.92	16.76
B4	KNG010	85	9.92	9.13	4.22
B5	KNG014	103	13.22	12.58	7.25
B6	SZO001	117	19.00	13.52	5.60
B7	SZO002	129	19.76	15.53	5.68
B8	SZO007	138	8.90	8.34	2.93
B9	SZO010	118	5.46	4.97	2.99
B10	TKY008	130	16.34	20.87	9.07
B11	TKY009	137	8.45	8.95	4.80
B12	TKY010	—	—	—	—

附表 37　2012－03－16,04:20:00.00 地震事件下台站记录信息

编号	台站号	震中距/km	PGA		
			水平 EW 向	水平 NS 向	竖向 UD 向
A1	KNG201	146	12.65	15.99	1.21
A2	KNG202	128	16.63	10.92	4.59
A3	KNG203	120	23.19	19.80	1.63
A4	KNG204	109	25.52	17.44	5.29
A5	KNG205	105	26.25	20.76	4.44
A6	KNG206	89	39.31	22.37	6.86
B1	CHB017	—	—	—	—
B2	KNG005	62	10.41	16.19	3.65
B3	KNG008	41	26.24	22.89	12.44
B4	KNG010	64	6.14	6.10	3.14
B5	KNG014	74	15.85	17.20	13.92
B6	SZO001	94	40.80	25.90	8.63
B7	SZO002	111	14.12	13.66	12.82
B8	SZO007	116	7.86	6.43	2.12
B9	SZO010	87	8.57	10.72	2.50
B10	TKY008	123	14.90	12.35	8.45
B11	TKY009	133	6.70	6.18	4.68
B12	TKY010	—	—	—	—

附表 38　2012－01－28,07:43:00.00 地震事件下台站记录信息

编号	台站号	震中距/km	PGA		
			水平 EW 向	水平 NS 向	竖向 UD 向
A1	KNG201	131	14.84	19.26	1.79
A2	KNG202	114	11.40	10.41	4.09
A3	KNG203	98	64.08	60.62	4.76
A4	KNG204	85	30.34	30.57	8.14
A5	KNG205	73	85.46	61.38	8.21
A6	KNG206	57	82.59	64.68	10.00
B1	CHB017	102	5.77	5.86	4.36
B2	KNG005	55	22.69	38.90	7.77
B3	KNG008	33	50.17	52.77	33.06
B4	KNG010	38	49.95	41.86	16.23
B5	KNG014	17	149.71	182.03	110.63
B6	SZO001	39	89.49	52.19	21.15
B7	SZO002	59	11.60	9.09	6.47
B8	SZO007	57	13.04	12.28	5.18
B9	SZO010	20	30.01	43.39	21.76
B10	TKY008	—	—	—	—
B11	TKY009	—	—	—	—
B12	TKY010	—	—	—	—

附表 39　2011－04－21,22:37:00.00 地震事件下台站记录信息

编号	台站号	震中距/km	PGA		
			水平 EW 向	水平 NS 向	竖向 UD 向
A1	KNG201	139	23.50	27.91	2.18
A2	KNG202	129	24.86	18.09	8.25
A3	KNG203	136	18.10	16.39	2.55
A4	KNG204	133	8.35	7.55	2.73
A5	KNG205	141	13.45	12.78	2.20
A6	KNG206	135	29.21	20.05	5.47
B1	CHB017	69	15.37	19.10	11.00
B2	KNG005	—	—	—	—
B3	KNG008	—	—	—	—
B4	KNG010	127	5.40	4.70	4.74
B5	KNG014	—	—	—	—
B6	SZO001	—	—	—	—
B7	SZO002	164	5.82	4.21	2.93
B8	SZO007	—	—	—	—
B9	SZO010	—	—	—	—
B10	TKY008	154	10.94	10.56	6.25
B11	TKY009	—	—	—	—
B12	TKY010	—	—	—	—

附表 40 2011-03-16,22:39:00.00 地震事件下台站记录信息

编号	台站号	震中距/km	PGA		
			水平 EW 向	水平 NS 向	竖向 UD 向
A1	KNG201	164	10.55	10.64	0.73
A2	KNG202	152	8.86	10.49	4.54
A3	KNG203	154	9.31	6.29	1.13
A4	KNG204	149	7.38	4.98	2.28
A5	KNG205	153	10.31	8.30	1.42
A6	KNG206	143	15.48	14.24	2.15
B1	CHB017	87	6.87	7.45	5.05
B2	KNG005	—	—	—	—
B3	KNG008	—	—	—	—
B4	KNG010	128	5.45	3.27	2.26
B5	KNG014	147	7.55	5.18	1.80
B6	SZO001	160	5.10	3.63	1.19
B7	SZO002	171	5.48	3.94	2.32
B8	SZO007	—	—	—	—
B9	SZO010	—	—	—	—
B10	TKY008	168	5.43	8.73	4.09
B11	TKY009	—	—	—	—
B12	TKY010	—	—	—	—

附表 41　2011－03－15,22:31:00.00 地震事件下台站记录信息

编号	台站号	震中距/km	PGA		
			水平 EW 向	水平 NS 向	竖向 UD 向
A1	KNG201	135	46.50	33.38	2.80
A2	KNG202	121	24.06	14.84	9.71
A3	KNG203	102	84.54	76.40	5.82
A4	KNG204	91	40.78	22.65	7.42
A5	KNG205	76	105.43	101.94	9.77
A6	KNG206	65	103.40	70.25	13.12
B1	CHB017	124	12.64	13.65	7.34
B2	KNG005	76	56.70	40.49	13.64
B3	KNG008	63	37.37	51.83	29.21
B4	KNG010	58	31.13	42.41	16.48
B5	KNG014	34	130.49	189.08	61.79
B6	SZO001	38	194.12	68.71	29.88
B7	SZO002	52	36.84	46.33	20.86
B8	SZO007	42	36.55	40.57	14.97
B9	SZO010	20	135.71	157.19	72.48
B10	TKY008	85	29.18	29.18	11.71
B11	TKY009	96	6.15	6.04	3.25
B12	TKY010	115	10.33	10.77	7.74

附表 42 2007－10－01,02:21:00.00 地震事件下台站记录信息

编号	台站号	震中距/km	PGA		
			水平 EW 向	水平 NS 向	竖向 UD 向
A1	KNG201	101	16.05	30.38	1.00
A2	KNG202	85	24.82	23.22	9.51
A3	KNG203	67	131.56	123.38	26.77
A4	KNG204	55	21.90	19.24	5.82
A5	KNG205	42	108.72	140.10	12.36
A6	KNG206	28	203.15	82.15	22.76
B1	CHB017	—	—	—	—
B2	KNG005	—	—	—	—
B3	KNG008	—	—	—	—
B4	KNG010	24	9.39	7.90	4.62
B5	KNG014	15	44.78	49.21	62.58
B6	SZO001	10	306.34	221.90	111.85
B7	SZO002	29	51.89	40.80	35.09
B8	SZO007	—	—	—	—
B9	SZO010	19	17.21	18.04	10.68
B10	TKY008	55	13.61	17.74	10.85
B11	TKY009	—	—	—	—
B12	TKY010	—	—	—	—

附表 43　2006－02－01,20:36:00.00 地震事件下台站记录信息

编号	台站号	震中距/km	PGA		
			水平 EW 向	水平 NS 向	竖向 UD 向
A1	KNG201	129	22.14	26.36	2.42
A2	KNG202	114	54.05	33.03	15.77
A3	KNG203	112	76.73	85.38	9.33
A4	KNG204	104	25.54	17.74	4.61
A5	KNG205	105	32.21	27.75	4.07
A6	KNG206	93	49.01	46.66	5.68
B1	CHB017	52	9.22	7.95	5.20
B2	KNG005	64	8.44	8.63	3.87
B3	KNG008	65	20.80	15.66	15.63
B4	KNG010	76	6.66	5.93	3.75
B5	KNG014	94	14.90	15.58	8.10
B6	SZO001	108	23.07	17.37	4.76
B7	SZO002	—	29.64	18.70	7.45
B8	SZO007	129	8.10	6.99	2.17
B9	SZO010	109	—	—	—
B10	TKY008	122	21.47	30.27	10.72
B11	TKY009	129	10.92	11.27	7.31
B12	TKY010	—	—	—	—

附表 44　2003－09－20,12:55:00.00 地震事件下台站记录信息

编号	台站号	震中距/km	PGA		
			水平 EW 向	水平 NS 向	竖向 UD 向
A1	KNG201	77	50.12	60.35	3.73
A2	KNG202	68	103.12	94.10	38.90
A3	KNG203	76	77.38	54.47	12.03
A4	KNG204	76	34.12	19.46	8.32
A5	KNG205	86	49.45	32.31	6.93
A6	KNG206	85	53.16	58.70	8.70
B1	CHB017	22	47.33	44.89	39.07
B2	KNG005	69	18.50	21.65	17.16
B3	KNG008	97	15.40	11.93	7.77
B4	KNG010	87	12.49	10.97	5.75
B5	KNG014	112	11.17	13.77	5.24
B6	SZO001	111	22.09	19.25	5.44
B7	SZO002	113	18.66	7.81	6.20
B8	SZO007	126	9.09	6.47	2.99
B9	SZO010	—	—	—	—
B10	TKY008	96	51.30	47.95	28.85
B11	TKY009	—	—	—	—
B12	TKY010	133	5.48	6.54	4.36

附表 45　2003－05－12,00:57:00.00 地震事件下台站记录信息

编号	台站号	震中距/km	PGA		
			水平 EW 向	水平 NS 向	竖向 UD 向
A1	KNG201	142	15.02	21.18	1.24
A2	KNG202	127	17.09	11.01	5.34
A3	KNG203	125	29.48	21.45	2.16
A4	KNG204	118	22.29	14.70	5.09
A5	KNG205	119	25.80	26.57	4.39
A6	KNG206	107	46.22	32.84	4.26
B1	CHB017	63	10.93	8.17	7.86
B2	KNG005	78	6.45	9.12	2.50
B3	KNG008	—	—	—	—
B4	KNG010	89	5.87	3.49	2.49
B5	KNG014	107	8.62	7.20	4.43
B6	SZO001	112	27.12	16.15	5.13
B7	SZO002	134	11.37	10.31	6.21
B8	SZO007	143	7.67	3.56	2.10
B9	SZO010	—	—	—	—
B10	TKY008	136	7.27	11.41	5.13
B11	TKY009	—	—	—	—
B12	TKY010	—	—	—	—